Mohammed Jabbar ALOBAIDI
Ibrahim INANC

FABRICO DE PEÇAS DE MOTOR COM AUTO-LUBRIFICAÇÃO POR NANOCOMPÓSITO HÍBRIDO

Mohammed Jabbar ALOBAIDI
Ibrahim INANC

FABRICO DE PEÇAS DE MOTOR COM AUTO-LUBRIFICAÇÃO POR NANOCOMPÓSITO HÍBRIDO

ScienciaScripts

Imprint
Any brand names and product names mentioned in this book are subject to trademark, brand or patent protection and are trademarks or registered trademarks of their respective holders. The use of brand names, product names, common names, trade names, product descriptions etc. even without a particular marking in this work is in no way to be construed to mean that such names may be regarded as unrestricted in respect of trademark and brand protection legislation and could thus be used by anyone.

Cover image: www.ingimage.com

This book is a translation from the original published under ISBN 978-620-8-17007-3.

Publisher:
Sciencia Scripts
is a trademark of
Dodo Books Indian Ocean Ltd. and OmniScriptum S.R.L publishing group

120 High Road, East Finchley, London, N2 9ED, United Kingdom
Str. Armeneasca 28/1, office 1, Chisinau MD-2012, Republic of Moldova, Europe
Printed at: see last page
ISBN: 978-620-8-23663-2

RESUMO

FABRICO DAS PEÇAS DO MOTOR COM AUTO-LUBRIFICAÇÃO
POR NANOCOMPOSITES HÍBRIDOS Al-Si
Mohammed AL OBAIDI
Universidade Ondokuz Mayıs
Instituto de Estudos Superiores
Departamento de Nanociências e Nanotecnologias
Doutoramento, julho/2023

Supervisor: Assist. Prof. Dr. İbrahim İNANC

Esta tese utiliza o Al-Si como compósito de matriz de base, adicionando as nanopartículas híbridas de MoS_2 & BN. O objetivo é fabricar peças auto-lubrificantes, e o processo de fabrico utiliza a tecnologia da metalurgia do pó, que é uma estratégia privilegiada para o fabrico de nanocompósitos de matriz metálica (MMNCs). As ligas de alumínio são um dos compósitos amplamente aplicados em MMNCs como ligas de base a partir da análise e estimativa de fabrico. Como material abrasivo, o nitreto de boro (BN) tem uma longa vida útil e uma sensível resistência ao desgaste. O dissulfureto de molibdénio (MoS_2) pode ser uma matéria semicondutora bidimensional; tem propriedades anti-desgaste, reforça a coesão e reduz a abrasão. Assim, tem uma capacidade de lubrificação que pode ser utilizada como um lubrificador sólido em condições de calor e compressão severas. A estabilidade térmica do BN é muito superior à do diamante e tem uma estabilidade química mais excelente do que os componentes de ferro. Por isso, o BN está habituado a componentes de fabrico, anti-desgaste e anti-corrosão.

Foram preparadas várias experiências para obter condições óptimas para o procedimento de liga. As amostras foram caracterizadas por diferentes métodos, tais como XRD, SEM, EDS, exame físico, microdureza e tribologia. Este estudo utilizou 2, 4 e 6 % em peso de adição de nanopartículas MoS_2 e h-BN à liga de pó base de Al-Si. Após a caraterização tribológica, foram produzidos novos e excelentes nanocompósitos por moagem mecânica, prensagem de 7 toneladas e sinterização a 550 °C. Concluímos que a excelente auto-lubrificação, a elevada dureza e o bom acabamento da superfície das peças produzidas fizeram com que a taxa de desgaste diminuísse sempre que a adição de híbridos aumentava para 4%.

Palavras-chave: Tribologia, Al-12 % Si, Nanocompósitos, Metalurgia do pó, Autolubrificação, Desgaste.

RECONHECIMENTO

Quero expressar o meu profundo agradecimento a todos os que se ofereceram para ajudar na realização desta investigação. Antes de mais, gostaria de agradecer ao meu orientador, Dr. Ibrahim INANC. Agradeço sinceramente o seu apoio, orientação e esforço, que tem sido crucial. Os meus sinceros agradecimentos ao Departamento de Nanotecnologia pelo seu apoio. Agradeço a todas as pessoas da Direção de Engenharia de Materiais que me forneceram as ferramentas para realizar o trabalho. Muito obrigado ao pessoal do Centro de Nanotecnologia e Investigação de Materiais Avançados no Mar Negro da Universidade Ondokuz Mayis por me ter dado um apoio generoso durante a minha investigação. Em particular, Yunus GEDİK, que trabalha num microscópio eletrónico, é muito útil para mim.

Para ser sincero, se eu quisesse expressar a minha gratidão à minha família, poderiam escrever-se livros. Eles são a minha fonte constante de amor e inspiração e, se tivesse de dizer alguma coisa aos meus pais hoje, diria: "O vosso amor, motivação e orientação estiveram à minha frente e estarão sempre."

Gostaria de agradecer aos meus colegas que pouparam o seu tempo e esforço pela sua ajuda e apoio, especialmente a Abdulmohsin AL AIROA.

Mohammed ALOBAIDI

SÍMBOLOS E ABREVIATURAS

AFM	: Atomic Force Microscopy
Al	: Aluminum
AMCs	: Aluminum Matrix Composites
AMNC	: Aluminum Matrix Nano Composites
Ar	: Argon
ASME	: The American Society of Mechanical Engineers
ASTM	: American Society for Testing of Materials
BN	: Boron Nitride
BNNp	: Boron Nitride Nanoparticles
BNNT	: Boron Nitride Nano Tube
CNT	: Carbon Nano Tube
EDS	: Energy-Dispersive Spectroscopy
h-BN	: Hexagonal- Boron Nitride
HV	: Vickers Hardness
MMC	: Metal Matrix Composite
MMNCs	: Metal Matrix Nano Composites
MoS_2	: Molybdenum disulfide
M-BN	: Modified Boron Nitride
MWCNT	: Multi Wall Carbon Nano Tube
NT	: Nano Tube
PM	: Powder metallurgy
SEM	: Scanning Electron Microscopy
Si	: Silicon
SMP	: Shape Memory Polymer
SPS	: Spark Plasma Sintering
TiO_2	: Titanium Dioxide
XRD	: X-Ray Diffraction

1. INTRODUÇÃO

Os nano-compósitos de matriz metálica (MMNC) de alumínio são a matriz mais utilizada devido à sua densidade, elevada rigidez, elevada resistência específica, elevado módulo específico e baixo coeficiente de expansão térmica. Em projectos recentes, o híbrido em nanocompósito refere-se a nano óxidos duplos ou triplos, nitretos ou outras adições para induzir novas propriedades. A metalurgia do pó (PM) pode ser uma metodologia que permite a preparação de ligas de matriz de Al qualitativamente novas. Selecionámos ligas Al-Si devido à sua baixa densidade, elevada resistência ao desgaste, força específica sábia e rigidez, em conjunto com uma baixa expansão térmica. Estas são amplamente utilizadas em várias aplicações de engenharia, como as indústrias automóvel, eletrónica e aeroespacial.

Comparando partículas de dimensão micrónica e nanométrica, as nanopartículas têm várias vantagens. Um tamanho de partícula mais pequeno ofereceria uma área de superfície muito maior para colisões moleculares e aumentaria a velocidade de reação, criando um catalisador e um produto químico melhorados. Um aumento do comportamento de desgaste indica um maior risco de danos nos componentes. Na investigação moderna, todos os cientistas tentaram diminuir a perda de energia e o consumo de materiais resultantes da fricção de componentes contrariados. A vida útil de uma substância lubrificante num sistema influencia o atrito e o comportamento de desgaste. Escolher as nanopartículas como material aditivo para o óleo vai fazer com que paguemos mais dinheiro por cada mudança de óleo do motor, mas se estivermos a pensar num novo elemento de liga para o fabrico de peças, isso vai torná-las mais baratas a longo prazo. Hoje em dia, temos veículos eléctricos com componentes móveis, o que significa que o problema da fricção irá aparecer.

1.1 Objetivo da investigação:

1) Fabrico de componentes móveis avançados sem lubrificação através do processo de fabrico de nanocompósitos híbridos (Al-12wt%Si) de matriz reforçada com nanopartículas de (MoS_2 & BN) utilizando as técnicas de moagem mecânica e metalurgia do pó,

2) Estudar o comportamento de desgaste dos nanocompósitos produzidos em condições de deslizamento a seco.

3) Estudar a topografia das superfícies desgastadas dos nanocompósitos utilizando microscópios electrónicos de varrimento.

4) Utilizar nitreto de boro com nanocompósitos em vez de grafite, o efeito de lubrificante branco. Isso produzirá as peças do motor, materiais menos dispendiosos e será mais eficaz na produção de um novo motor com energia limpa.

1.2 Plano do projeto

O plano de trabalho começa com a preparação do nanocompósito em pó e os testes em todas as fases para chegar à caraterização do desgaste e auto-lubrificação do nanocompósito híbrido de matriz Al-Si.

O fluxograma da figura 1.1 representa a liga base inicial de Al-12Si que é obtida a partir da preparação das amostras para os ensaios. A mistura por moinho de bolas para produzir os nanocompósitos de 2, 4 e 6% de adição híbrida de MoS_2 e BN, ocorre após a preparação da liga de Al-12% Si. O processo de fabrico e as investigações encontram-se no diagrama abaixo para as etapas da investigação.

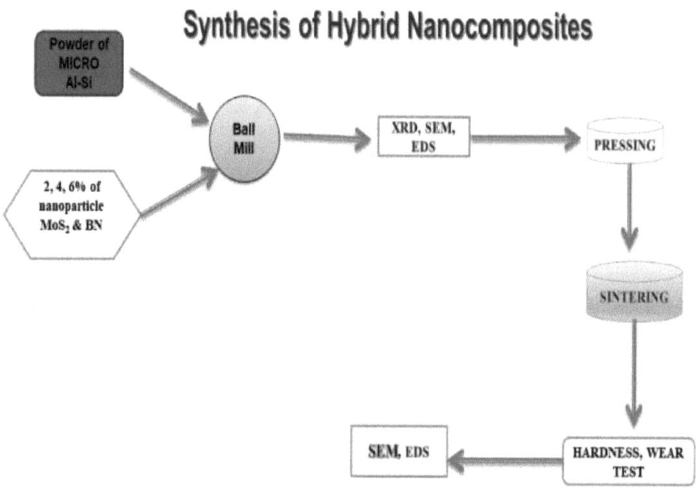

Figura 1.1. O processo de fabrico e as investigações do nanocompósito híbrido de matriz Al-Si

2. PARTE TEÓRICA

Os micro e nanomateriais têm propriedades diferentes, o alumínio e o silício em tamanho micro têm muitas aplicações. As ligas de alumínio-silício, também conhecidas como Silumin, são uma classe de ligas de alumínio leves e de alta resistência baseadas no sistema AlSi, com o silício como o elemento de liga quantitativamente mais significativo, bem como para adição em nanoescala para MoS_2 e BN. Neste capítulo, revimos o processo de fabrico de nanocompósitos de matriz metálica (MMNs) e a ciência da tribologia com as suas divisões, especialmente o desgaste e a lubrificação.

2.1. Liga de alumínio-silício

As ligas Al-Si apresentam elevada eficiência em aplicações mecânicas, fabrico de peças de motores e equipamento aeroespacial, devido às suas propriedades tribológicas, elevada relação resistência/peso, baixa expansão térmica e baixa corrosão. 3% a 25% de silício está frequentemente presente nas ligas Al-Si. As ligas Al-Si são utilizadas principalmente na fundição, embora também possam ser utilizadas na metalurgia do pó e em técnicas de solidificação rápida. Pode estar presente uma quantidade ainda maior de silício nas ligas utilizadas na metalurgia do pó, em vez de na fundição - até 50%. A silumina é eficaz em situações húmidas devido à sua excelente resistência à corrosão. (Key to Metals, 2012).

No seu estudo, M. J. Fouad e M. K. Abbass mostraram que a liga Al- resistiria ao desgaste aumentando o teor de Si até ao limite eutéctico de 12 wt.%. A partir de (S.P. Nikanorov et al. 2005), as ligas hiper-eutécticas que se destinam a aplicações resistentes ao desgaste, o diagrama de fases de Al-Si é mostrado na Figura 2.1.

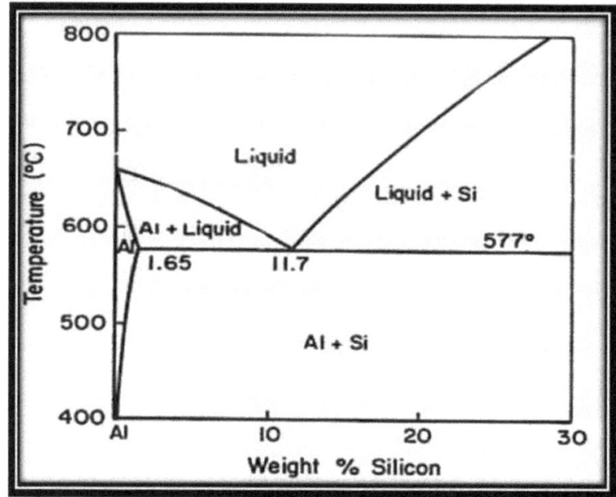

Figura 2.1. Diagrama de fases Alumínio-Silício (S.P. Nikanorov et al. 2005).

O aumento do Si na liga leva a um aumento do endurecimento por deformação do pó e, assim, o tamanho do grão é reduzido. Este efeito pode ser descrito pelo endurecimento da solução como resultado do efeito do aumento da proporção de Si. A partir da Figura 2.2, podemos observar a percentagem de micro deformação, o tamanho do cristal, o efeito do teor de Si e o fator mais importante, o tempo de moagem. Naturalmente, o aumento do tempo de moagem com bolas reduz o tamanho do cristal do pó como um todo, mas a presença de Si tem um efeito significativo neste pequeno tamanho do cristal. (A.H. Bahrami et al. 2013).

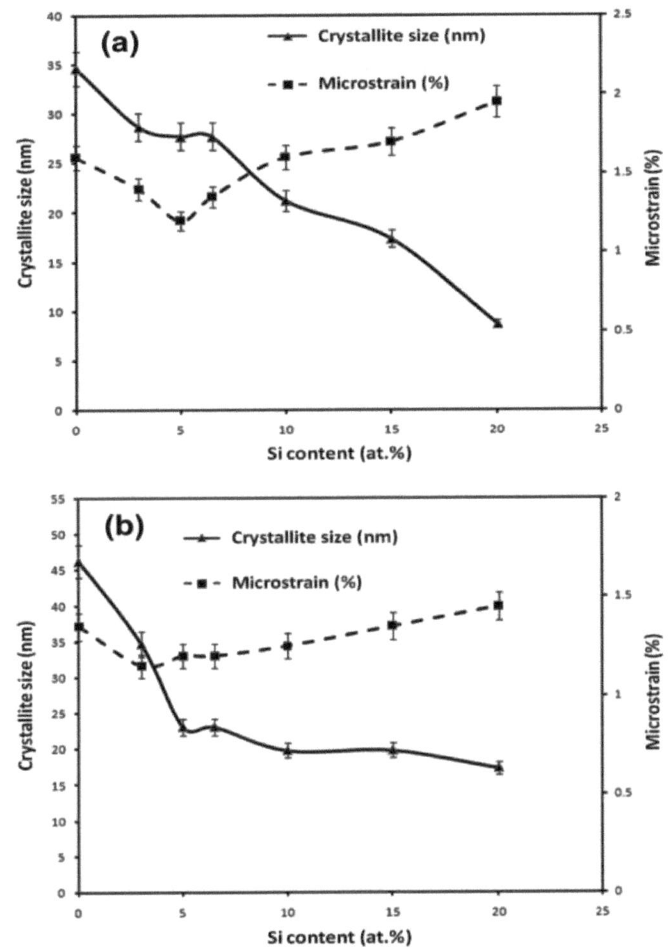

Figura 2.2. Efeito do teor de Si na microestrutura. (A.H. Bahrami et al. 2013)

11

2.2. Cerâmica

A cerâmica é um material composto; a definição melhor e mais direta é a participação de dois elementos, um metálico e outro não metálico. Por esta razão, os materiais cerâmicos são constituídos por metais e seus óxidos, carbonetos, ou metais com nitretos ou sulfatos, e outros. É uma substância quimicamente estável com ligações híbridas entre os átomos, sendo elas ligações iónicas e covalentes. Como resultado destas ligações, os materiais cerâmicos caracterizam-se por propriedades como a elevada temperatura de fusão, estabilidade química, poucas deslocações e dificuldade de movimentação. A última propriedade mencionada produz elevada dureza e grande resistência à fluência, mas dá a caraterística de fragilidade. Os compostos cerâmicos podem conter várias fases de dois ou mais materiais ou dois materiais cerâmicos com diferentes tamanhos cristalinos ou microestruturais. (R. Warren, 1990).

2.2.1. Dissulfureto de molibdénio (MoS $)_2$

As nanoestruturas estão a receber uma atenção considerável devido às suas potenciais aplicações. Chhowalla et al. e Rapoport et al. 2005 demonstraram que as nanopartículas de MoS2 são lubrificantes sólidos em parâmetros de processo específicos, apresentando caraterísticas de extrema extração e desgaste.

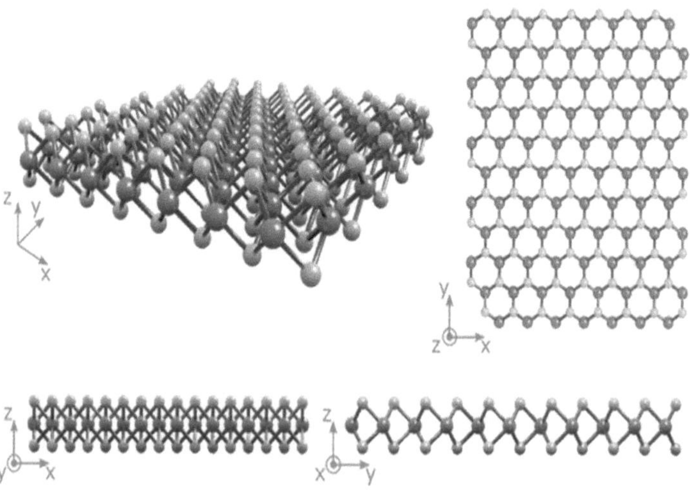

Fig. 2.3 A estrutura cristalina do MoS em monocamada$_2$ mostra uma camada de átomos de molibdénio (azul) ensanduichada entre duas camadas de átomos de enxofre (amarelo). (Kin Fai Mak et al. 2010).

2.2.2. Nitreto de boro (BN)

O nitreto de boro hexagonal (h-BN) tem várias propriedades como lubrificante sólido e tem uma densidade relativamente baixa, boa condutividade térmica, estabilidade a altas temperaturas e é também quimicamente estável.

A BN é conhecida como grafite branca porque tem uma estrutura hexagonal semelhante à grafite, e uma estrutura cristalina que tem elevadas propriedades lubrificantes, tornando-a superior à grafite, e tem as seguintes especificações

Porque tem um coeficiente de atrito de 0,15 a 0,70, é considerado baixo e tem boa lubrificação, quimicamente estável, isolamento elétrico, não retém calor, estável a altas temperaturas acima de 1000°C e a temperaturas mais elevadas até 1800°C com proteção de gás inerte, baixa expansão volumétrica, preservação dimensional.

O BN apresenta-se em diferentes formas e tamanhos nano, incluindo nano-folhas e nano-grânulos. O nitreto de boro (h-BN) é um dos melhores tipos de aditivos que melhoram as propriedades de desgaste e reduzem o atrito de compostos metálicos e polímeros, porque tem uma estrutura de várias camadas. Utilizámos nanopartículas de nitreto de boro (BNNP) nesta investigação devido à sua excecional dureza e resistência à abrasão. Tem também as caraterísticas de elevada dureza e estabilidade química. Além disso, o processo de produção tem um menor consumo de energia e menos poluição ambiental do que outros materiais superduros. As nanoestruturas BN são super-reforços para MMNCs leves.

Até à data, a produção de BN sob a forma de nano-tubos e de BN com uma estrutura semelhante à do grafeno (BNNTs) em grandes quantidades e com uma qualidade excecional é considerada um desafio significativo. No entanto, estes últimos BNNTs têm a vantagem de possuir uma elevada resistência à tração e são ideais para reforçar nanoestruturas.

Como já foi referido, o BN em nanoestrutura é fabricado em diferentes formas e tipos, incluindo as dimensões zero, os nano-tubos são unidimensionais, semelhantes ao grafeno em duas dimensões, com uma diversidade tridimensional.

Além disso, uma segunda classificação de BN é na forma de nanofios, ou nanofibras, nanoconjuntos, nanofolhas e nanopartículas poliédricas, e estas são algumas das formas mostradas na Figura 2.4.

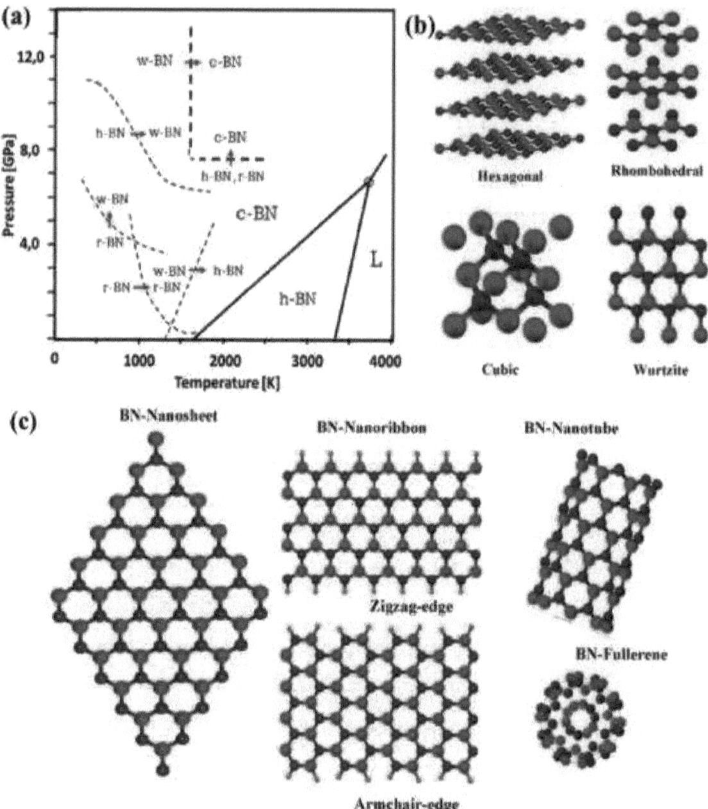

Figura 2.4. O diagrama de fases do BN e dos seus vários alótropos, a) diagrama de fases do BN, reproduzido com (Shayan, A. et al. 2022) b) várias estruturas cristalinas do BN a granel, c) nanoestruturas baseadas em BN, (Arenal, R.& Lopez-Bezanilla, 2015).

2.3. Nanocompósito

Uma definição adequada de um nanocompósito é um material que consiste em pelo menos duas fases imiscíveis isoladas por uma região de interface. A matriz é o componente mais amplamente utilizado do nanocompósito, uma vez que a carga está dispersa (Nguyen et al. 2018).

A parte dominante do compósito, o hábito do tecido com propriedades a reforçar, pode definir a matriz. A matriz é geralmente um metal, cerâmica, polímero ou mistura com dimensões mais significativas do que a nanoescala.

2.4. Fabrico de MMNCs

Os métodos de fabrico utilizados para produzir compósitos de matriz metálica (MMC) podem ser a fundição ou a metalurgia do pó (PM). No entanto, a PM tem um elevado potencial para evitar defeitos resultantes de processos de fundição e limitações dimensionais. No fabrico de compósitos de nanoestruturas como os nanocompósitos de matriz metálica (MMNC), evita-se a utilização da fundição porque pode não proporcionar um bom potencial de mistura, problemas de isolamento, ou agregados de aglomerados de nanopartículas e, por conseguinte, heterogeneidade na estrutura cristalina, o que reduz as propriedades mecânicas que se pretende alcançar melhorando as especificações.

Para obter elevadas especificações mecânicas e resistência ao desgaste para a produção de ligas de alumínio utilizadas em várias aplicações, incluindo rolamentos autolubrificantes em motores ou peças de motores e assentos de válvulas na indústria automóvel ou aeronáutica, utilizámos a tecnologia do pó como método de fabrico. Diferentes tipos de cerâmica em tamanhos nanométricos, ou nanopartículas, são adicionados para reforçar a estrutura composta das ligas de alumínio. Entre os materiais utilizados em investigações anteriores e aplicações práticas em compósitos de matriz de alumínio (AMCs) e nanocompósitos de matriz de alumínio (AMNCs) estão as nanopartículas, incluindo o dissulfureto de molibdénio (MoS_2), Nitreto de alumínio (AlN), carboneto de boro (B4C), alumina ($Al\,O_{23}$), titânia (TiO_2), carboneto de silício (SiC), nitreto de boro (BN), grafeno, para além da utilização de nanotubos de carbono (CNT).

As propriedades mecânicas da utilização de nanopartículas dispersas e do fabrico de nanocompósitos de matriz metálica (MMNCs) são melhores e mais elevadas do que as propriedades mecânicas resultantes da utilização de partículas dispersas à escala micrométrica nos compósitos de matriz metálica MMCs. Apenas 1 % de SiC numa escala de 10 nm foi adicionado à liga de Al, e 15 % da mesma cerâmica, mas numa escala de 3,5 µm, foi adicionada. O resultado do primeiro é designado por MMNC e o segundo por MMC, e verificou-se em ensaios mecânicos que a tensão de cedência e a tensão de tração do MMNC são muito superiores às do MMC.

2.5. Sinterização

A sinterização utiliza o calor sem ar para preparar um produto após a prensagem de vários pós metálicos ou cerâmicos. Durante a sinterização, a aglutinação e a consistência dos grânulos que compõem o pó ocorrem na sua fase húmida, o processo de elevação da temperatura para um nível abaixo do ponto de fusão do componente principal da liga.

O processo de difusão entre as partículas e os grãos adjacentes ocorre durante o estado sólido dos materiais, e o produto final sinterizado é de alta densidade e quase livre de lacunas.

O processo de sinterização confere às peças sinterizadas uma estrutura coerente, mas os factores que afectam este processo devem ser cuidadosamente concebidos. Com efeito, a sinterização é um processo de reforço da microestrutura através da aplicação de energia térmica controlada, protegendo-a simultaneamente das condições climáticas externas, como a humidade e as fontes de oxigénio. Os factores que afectam a sinterização são mais frequentemente controlados utilizando um sistema de forno com vácuo e um gás gasoso para proteger a superfície da interação com o oxigénio.

2.6. Tribologia

A tribologia é o estudo da engenharia das superfícies sujeitas a movimentos relativos, e esta ciência tem diferentes classificações das quais dependem os aspectos mecânicos, como os tipos de fricção, lubrificantes e desgaste mecânico que chamamos de desgaste são aplicados, e é o que procuramos reduzir no nosso estudo.

A geometria das superfícies sujeitas a movimento relativo em relação à tribologia tem correlações importantes que afectam a vida útil esperada do produto. Uma destas influências é a topografia da superfície, que é um fator muito influente nos rolamentos. O outro fator de influência é o material de que é feita a chumaceira, o valor das cargas a que a chumaceira está exposta e, como já referimos, o movimento relativo e o tipo de lubrificante.

O atrito é um mecanismo que surge entre superfícies opostas e constitui uma resistência ao movimento resultante entre elas. Nalgumas definições, é referido que o atrito surge entre corpos sólidos em que a força ou carga é perpendicular à superfície oposta.

Mas o atrito existe entre os diferentes materiais, sejam eles sólidos, líquidos ou gasosos, onde quer que eles forneçam a carga, como a pressão aplicada, onde os átomos se esfregam uns contra os outros, e cada atrito gera energia térmica, e esta energia pode ter efeitos adversos na maioria dos casos, fazendo com que consuma e desgaste as superfícies opostas.

A força de atrito consiste numa força de resistência paralela à direção do movimento; existem duas forças para gerar atrito, que são a força de atrito estático e a força de atrito cinético. A força de atrito estático é uma força tangencial para iniciar o deslizamento, enquanto a força de atrito cinético é uma força tangencial de que necessitamos para nos mantermos num estado de deslizamento.

O desgaste é uma corrosão mecânica que leva ao consumo de materiais, causada principalmente pelo deslizamento de dois objectos um sobre o outro. O desgaste é um problema de engenharia que os estudos procuram resolver porque leva à falha de instalações e equipamentos mecânicos sujeitos a movimento. Uma das soluções contemporâneas utilizadas é a lubrificação para reduzir o contacto das superfícies em contacto, que estão sujeitas a cargas e movimentos relativos, ou para fazer um espaçador entre as peças de modo a que os corpos não fiquem expostos ao contacto direto.

O atrito e a redução do desgaste são questões bem conhecidas que afectam vários materiais, desde peças de motores e motores a instrumentos médicos e mecanismos de micro e sensores. A importância dos lubrificantes sólidos, uma vez que são utilizados em peças mecânicas para reduzir o atrito e prolongar a vida útil do equipamento.

A utilização de nanopartículas como lubrificante sólido e líquido nos nossos dias tem tido grande importância económica. Existem estudos tribológicos abrangentes para diagnosticar a adição de partículas ou nanomateriais como lubrificantes e seu efeito no produto final, reduzindo as perdas por atrito. (M. Gulzar et al. 2016).

2.6.1. Mecanismos de desgaste

As acções adesivas, a abrasão, os métodos de fadiga e os processos de oxidação são os quatro principais mecanismos de desgaste de um material nos cenários mencionados. Eventos de desgaste mais complicados envolvem a interação de mecanismos de desgaste, de acordo com o ASM Metals Handbook, Friction, Lubrication, and Wear Technology 1992.

Várias propriedades e mecanismos aparecem frequentemente quando as superfícies sujeitas a desgaste são examinadas. No entanto, na maior parte dos sistemas tribológicos, um tipo de mecanismo é dominante ou predomina sobre o outro. Um dos tipos de desgaste é o adesivo ou de abrasão; o mecanismo de aparecimento destes tipos tem causas ou influências, nomeadamente a rugosidade da superfície e o tipo de material. Os processos de desgaste adesivo são mais frequentemente associados ao deslizamento. No entanto, devido ao deslizamento que está normalmente presente em certos contextos.

O mecanismo de desgaste adesivo ocorre em condições de rolamento e de choque, consoante as condições envolventes. As taxas de desgaste destes mecanismos são variáveis para diversos valores de influências.

2.6.2. Conceção do desgaste

É essencial determinar os factores na conceção de um sistema tribológico para obter um mecanismo de desgaste aceitável. O procedimento para obter este resultado é designado por conceção do desgaste. O objetivo é obter uma taxa de desgaste baixa aceitável. Os factores de conceção tribológica são o tipo de material, as superfícies opostas, a lubrificação e a rugosidade. No entanto, estes não são todos os factores a considerar na conceção. Por exemplo, o carregamento, o movimento relativo e as variáveis climatéricas podem, por vezes, ser utilizados como variáveis. (ASM Metals Handbook, Materials Selection and Design 1997).

Os lubrificantes são utilizados para separar duas superfícies opostas para reduzir a fricção e o desgaste e também para reduzir o calor gerado pela fricção. Existem diferentes tipos de lubrificantes, mas os mais utilizados são os óleos na forma líquida com aditivos químicos, que melhoram o tipo de óleo reduzindo a fricção, prolongando a vida útil do óleo e suportando o calor, e também as nanopartículas. Entre os lubrificantes, as nanopartículas são utilizadas com ligas metálicas, e há algumas utilizações para lubrificantes gasosos.

Os lubrificantes sólidos são materiais que têm a capacidade de reduzir o atrito devido à capacidade dos grãos do material de reduzir a força de cisalhamento dentro da própria composição do material. Entre estes materiais minerais, os mais famosos são a grafite, o nitreto de boro e o dissulfureto de molibdénio, pelo que estes materiais possuem camadas atómicas que absorvem as tensões de cisalhamento no seu interior. Além disso, os metais nobres são utilizados como lubrificantes duros, bem como os metais dúcteis que têm resistência a baixas tensões de cisalhamento.

3. REVISÃO DA LITERATURA

M. J. Fouad 2013 utilizou Al-12wt % Si como liga de base e adicionou um híbrido de nanopartículas de Al O_{23} e TiO_2 para reforçar a estrutura dos compostos da liga e aumentar a dureza e a resistência ao desgaste dos nanocompósitos.

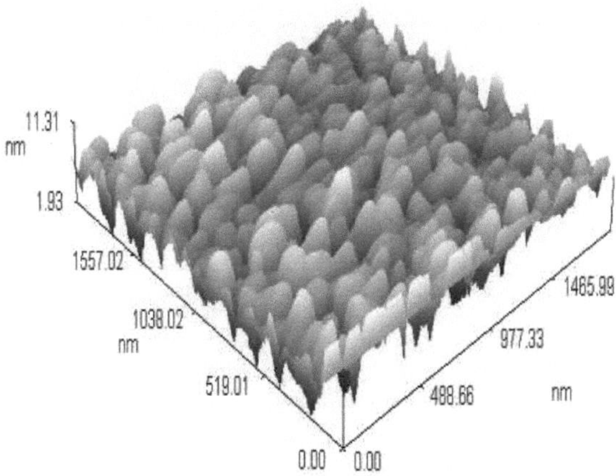

Figura 3.1 Resultados de AFM para pós mistos de nanocompósito híbrido de liga de base (Al-12%Si) +4 wt % (Al O +TiO$_{232}$), (M. J. Fouad, 2013).

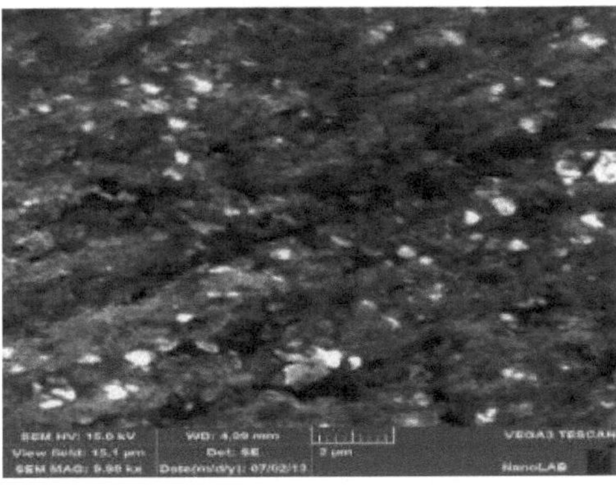

Figura 3.2 Micrografias SEM para amostra MMNC sinterizada de nanopartículas híbridas Al-12 % Si +4 wt % (Al O_{23} +TiO$_2$); a 10 kX. (M. J. Fouad, 2013)

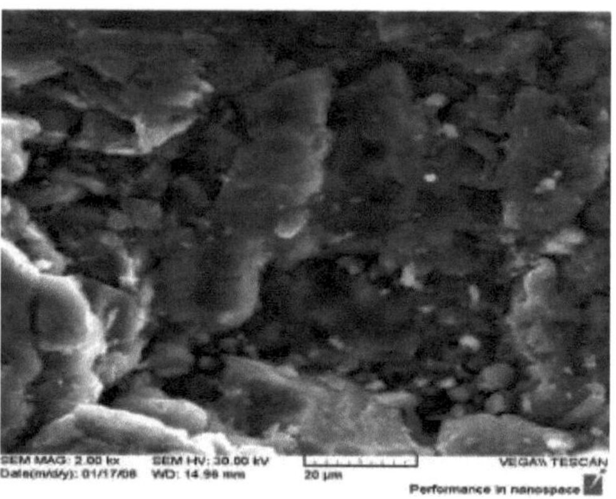

Figura 3.3 Micrografias SEM da superfície desgastada do nanocompósito híbrido com nanopartículas de 6 wt % (Al O +TiO$_{232}$) sob uma carga normal (12,5 N); a 2 k x. (M. J. Fouad, 2013)

Utilizar esferas de alumina para o processo de mistura, produzindo uma distribuição uniforme das nanopartículas na liga Al-12wt%Si. Note-se um aumento da densidade para atingir uma densidade próxima da densidade moldada com um aumento da percentagem de adição de nanopartículas à liga principal. A percentagem de porosidade em todas as amostras foi inferior a 1%, o que indica uma especificação final próxima da forma do molde sem lacunas.

O diagnóstico por microscopia de força atómica (AFM) do pó misturado pelo método de mistura de esferas ou mistura mecânica entre micro e nanopartículas híbridas indica homogeneidade e boa distribuição. Ao examinar o desgaste utilizando o método (pin-on-disc) e aumentando o peso aplicado e o tempo de fricção, verificamos um aumento da perda de peso para todas as amostras de teste, mas a taxa de desgaste é menor para as amostras com nanocompósitos híbridos adicionados.

Ao examinar o desgaste de diferentes amostras, que são a liga de base e os aditivos 2%, 4% e 6%, verificou-se uma melhoria na resistência ao desgaste após aditivos nano-híbridos constituídos por alumina e titânio.

George et al. 2005, utilizaram bolas para misturar pó de Al com nano tubos de carbono de paredes múltiplas (MWCNT), o tempo de mistura foi de apenas 5 min, e utilizaram um molde cilíndrico para pressionar a mistura com uma pressão de 120 kN. O processo de sinterização foi realizado a 580°C durante 45 min sob proteção atmosférica por gás N_2 . Concluíram que o processo de mistura não danificou os CNT, nem ocorreram reacções químicas, pelo que não foram encontradas fases de carboneto.

Num estudo de M. Khorshid de 2016, um nanocompósito foi feito de alumínio e grafeno, e os aditivos de peso estavam em várias proporções usando tecnologia de pó. O efeito da adição de grafeno nas propriedades tribológicas do produto nanocompósito, incluindo a auto-lubrificação, foi investigado. Nas condições de ensaio de desgaste a seco, verificou-se que o rácio de adição de 1% era preferível para melhorar as especificações de auto-lubrificação da liga fabricada através da adição de grafeno como elemento de nano-reforço ao alumínio.

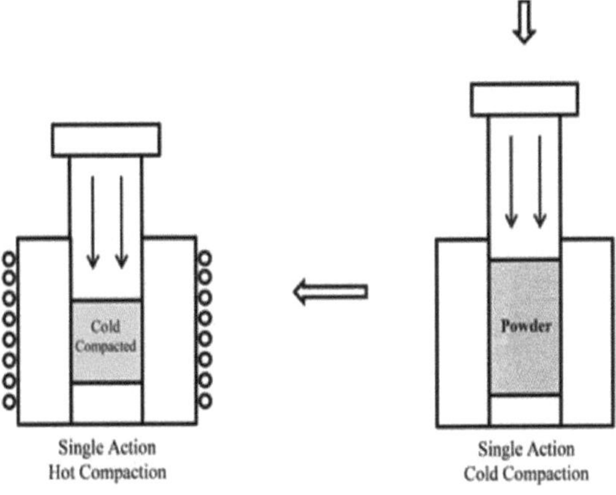

Figura 3.4 As duas fases do processo de moldagem; compactação a frio e a quente. (M. Khorshid, 2016)

Figura 3.5 (a) Micrografia por microscópio eletrónico de varrimento (b) EDS de resíduos de desgaste para Al com 1 % de nanopartículas de grafeno. (M. Khorshid, 2016)

Na pesquisa de W. Han et al. 2017, a adição de nanopartículas de nitreto de boro melhorou a resistência ao desgaste da liga de alumínio composta AA6082/TiB2 com titânio e BN como adição como lubrificante sólido e produziu um composto de três camadas com novas propriedades.

K. L. Fierstein et al., em 2017, prepararam um compósito de Al e adicionaram-lhe Nitreto de Boro na forma nano e no tipo micro, e determinaram a adição de proporções para examinar as propriedades mecânicas com as especificações mais elevadas. Os MMCs são feitos a partir de uma base de Al pelo método Spark Plasma Sintering (SPS) .

Após os testes para diagnosticar os produtos de fabrico, verificaram que o BN do tipo micro é mais homogéneo ao ser misturado com o pó utilizando bolas do que a nano-adição do mesmo material. Verifica-se um aumento de 50 % na resistência do material resultante com a adição de apenas 4,5 BNNPs em comparação com o Al isolado. Foi demonstrado um bom valor de tensão de cedência até 115 MPa em condições de ensaio a 300°C.

M. Penchal Reddy et al. 2018 prepararam amostras de nanocompósito de Al através da tecnologia de pó, adicionando diferentes quantidades de BN sob a forma de nanopartículas, sinterizando-as utilizando um micro-ondas para aquecer as peças produzidas e, em seguida, efectuaram o processo de extrusão.

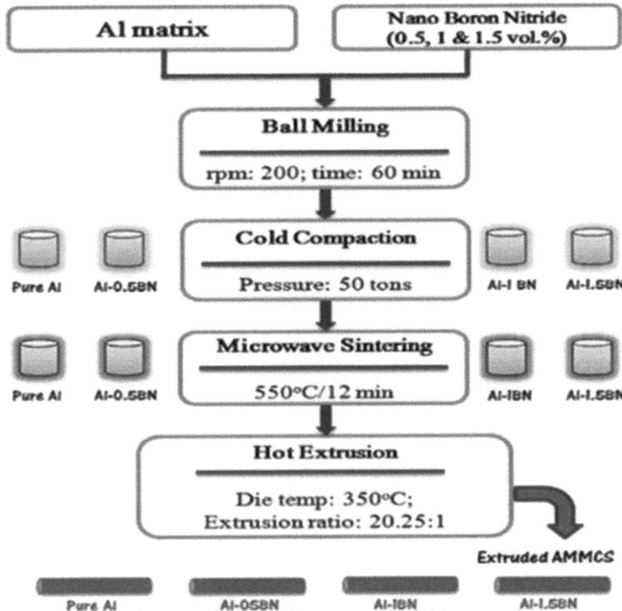

Figura 3.6 Preparação Os nanocompósitos Al-nan contêm diferentes quantidades de nitreto de boro (M. Penchal Reddy et al. 2018)

Após o ensaio mecânico por tração, apareceram pequenas lacunas nas superfícies partidas. A capacidade de amortecimento e o módulo de elasticidade do alumínio melhoraram após o aumento da quantidade de BN adicionada a 1,5% do composto nanocompósito e o aumento do valor da dureza.

Em um estudo de Alexander et al. 2018, eles examinaram o efeito de melhorar as propriedades mecânicas de duas maneiras, uma única adição ou um híbrido, e os materiais LiN_3 , BN e B, como pós foram adicionados ao Al e à mistura mecânica, foi feito usando bolas e sinterização por plasma de faísca (SPS) foi usado.

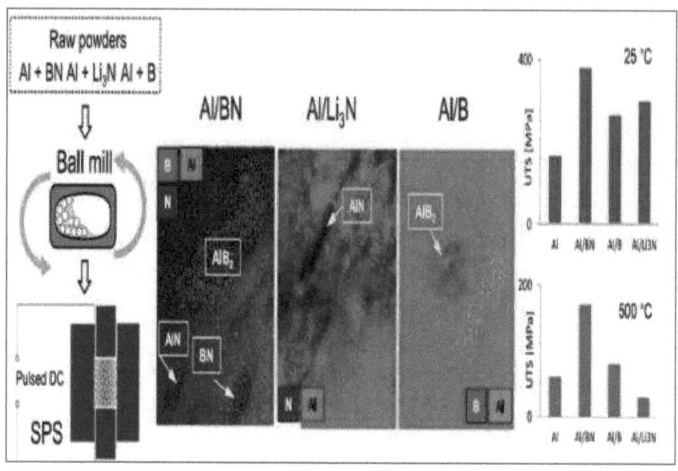

Figura 3.7. Os compósitos de Al são preparados por mistura mecânica de Al/BN, Al/B e Al/Li₃ N. (Alexander et al. 2018)

Verificou-se que o composto que consiste na adição de BN ao Al é melhor em termos de propriedades mecânicas sob as mesmas condições de fabrico em comparação com os restantes aditivos. A resistência à tração foi de 380 MPa em condições normais, e as fases de Boro de Alumínio e Carboneto de Boro de Alumínio pareceram termicamente estáveis a 500° C.

A forma hexagonal do Nitreto de Boro (h-BN) privilegiou a homogeneidade da estrutura durante o processo de mistura devido ao seu efeito de lubrificação entre a mistura e as esferas, o que afectou a melhoria das elevadas especificações mecânicas do produto final.

L. Chen et al. 2018 melhoraram as especificações da liga Al-Si para resistir ao desgaste. Eles usaram o processo de anodização de superfície com um revestimento de nano-MoS_2 . O ensaio de desgaste foi testado por Pin-on-disc, e o resultado foi uma diminuição de 22% no coeficiente de atrito para as amostras revestidas com MoS_2 , além da autolubrificação na presença das nanopartículas, o que aumenta a vida útil da liga produzida.

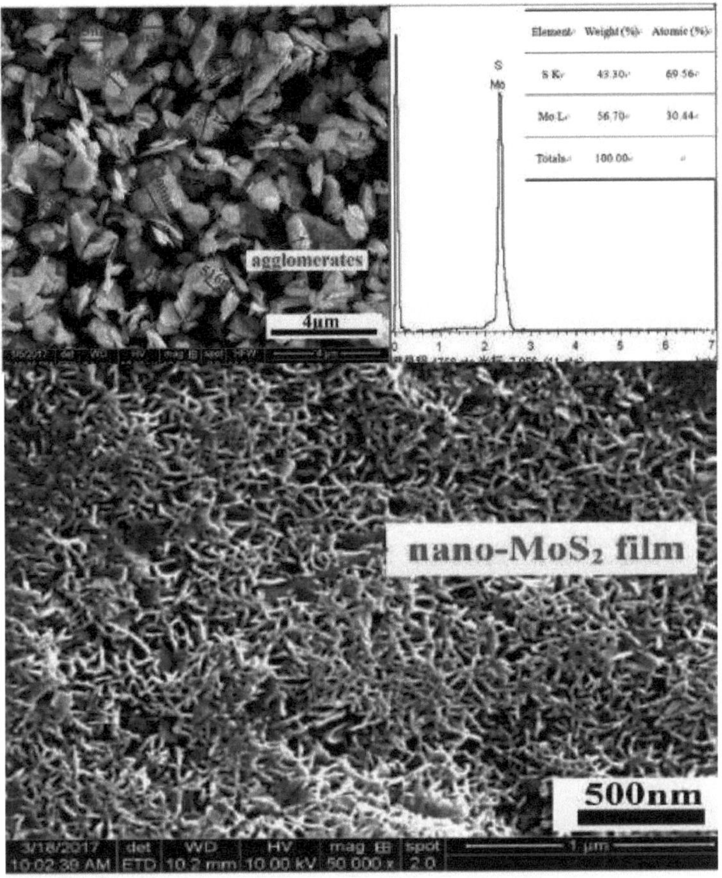

Figura 3.8. SEM e EDS para revestimento nano-MoS₂ de base Al (L. Chen et al. 2018)

V.V. Monikandan et al. 2018, através do seu estudo do Al 6061 com a adição de apenas uma adição de 10% de B₄ C e comparando-o com a adição de um híbrido de B₄ C com MoS₂ de 7,5% porque este último tem o efeito de auto-lubrificação, o que reduz o coeficiente de atrito. E fizeram outras experiências para comparar a adição de MoS₂ e grafite; testaram o ensaio de desgaste em condições secas, aumentando a temperatura para 250° C, e verificaram que a liga que contém MoS₂ tinha uma taxa de desgaste inferior à que contém grafite.

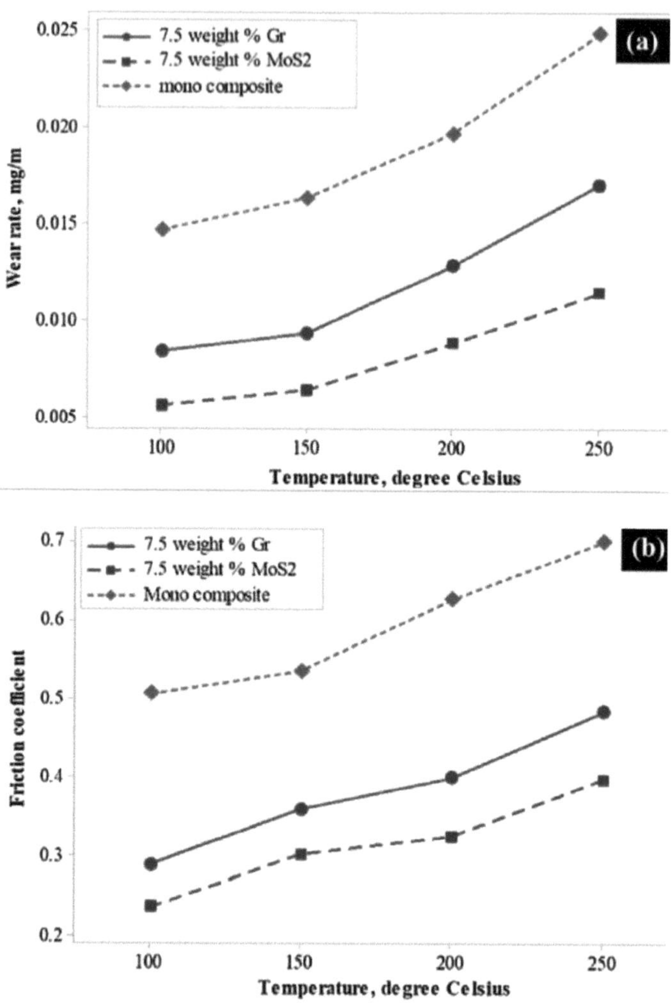

Figura 3.9. Comparação de ligas de Al com adição de grafite ou dissulfureto de molibdénio como aditivos híbridos ou sem co-aditivos em a) taxa de desgaste b) coeficiente de atrito. (V.V. Monikandan et al. 2018)

Em um estudo de H. Ribeiro et al. 2019, MoS$_2$ e h-BN foram usados como dois co-aditivos para o epóxi, ou seja, uma adição nano-híbrida. A adição híbrida foi feita adicionando diferentes proporções para estudar seu efeito na composição, especificações mecânicas e sensibilidade à temperatura.

A mistura híbrida de aditivos resultante apresentou resultados elevados para a composição epóxi, onde se verificou um aumento da resistência à tração até 95% e 60% da tensão de cedência, bem como da condutividade térmica, um aumento de 203% em comparação com o composto sem aditivos. Através desta investigação, foi fabricado um compósito nano-epóxi com várias aplicações mecânicas e térmicas com especificações elevadas.

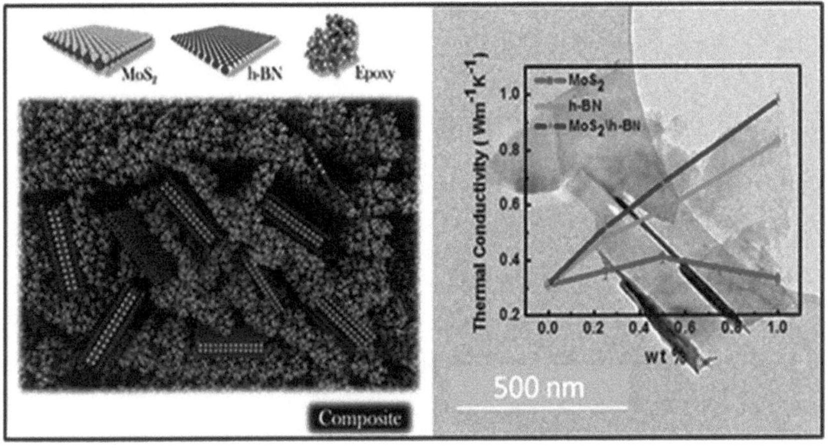

Figura 3.10. A adição nano-híbrida de MoS$_2$ - BN. (H. Ribeiro et al., 2019)

X. Xiao et al. 2020, trabalharam no sentido de melhorar a resistência ao desgaste, a dureza, a propriedade auto-lubrificante e a condutividade térmica do BN, uma vez que o material utilizado foi o Polímero com Memória de Forma (PMS), o Nitreto de Boro modificado (M-BN) foi utilizado neste estudo. Os testes de dureza, desgaste e condutividade térmica foram efectuados para conhecer o efeito da adição de 10% de nanopartículas de M-BN, tendo-se verificado uma melhoria da resistência ao desgaste do tipo adesivo e um aumento da dureza do composto melhorado resultante, como mostra a figura 3.11.

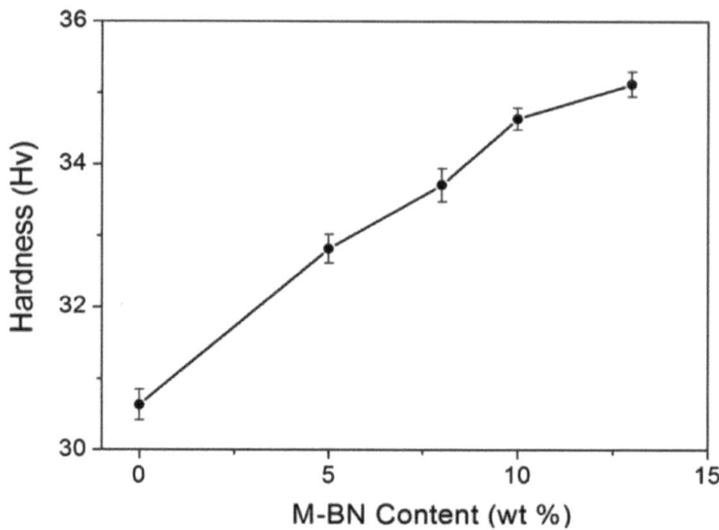

Figura 3.11. O efeito do M-BN em a) a dureza e a adição de M-BN. (X. Xiao et al. 2020)

U. Aybarç e M. Ö. Seydibe 2021 utilizaram a A356 como liga primária de Al e variaram de uma adição de nano-Al O_{23} e grafeno para reforçar a estrutura. Foi utilizado o processo de fundição híbrido de mecânica e ultra-sons para produzir uma distribuição homogénea das nanopartículas e todas as partes do produto foram submetidas a tratamento térmico. Foi efectuado um ensaio mecânico de verificação para caraterizar a especificação. Os resultados obtidos mostraram um aumento da tensão de cedência e da tensão de rutura com a adição de 0,5% de Al O_{23} e com a adição de 0,25% de grafeno em comparação com a liga de base.

4. MATERIAIS E MÉTODOS

4.1. Introdução:

O nanopó e os pós à microescala foram preparados para fabricar a liga de alumínio básica e, em seguida, o nanocompósito foi preparado pelo método da tecnologia do pó. Utilizou-se a mistura mecânica na presença de esferas de zircónio (2,5 mm), depois a prensagem num molde de 10 mm e o processo final foi sinterizado com proteção de gás Ar. Al-12 wt.%Si foi utilizado como matriz reforçada com 2, 4 e 6 % de MoS $_2$ e BN e 4 % de adição única de MoS_2 ou BN.

Os nanocompósitos híbridos foram preparados em três etapas: mistura (blending) do pó de Al e Si com nanopó através do método de liga mecânica, compactação (pressing) e sinterização.

Do ponto de vista prático, após a preparação dos pós nanocompósitos, realizámos um exame SEM para verificar a homogeneidade da mistura. Pegámos na mistura de pós, prensámo-los e, em seguida, sinterizámo-los com as condições de proteção acima mencionadas. Para determinar as propriedades resultantes das nanoligas, realizámos o teste de dureza Vickers e os testes de densidade e porosidade aplicando a teoria de Arquimedes.

Para descobrir até que ponto as propriedades de resistência ao desgaste melhoraram, as propriedades de fricção foram testadas pelo método abrasivo em condições secas, e o peso foi fixado num valor constante com a mudança de tempo e, portanto, as mudanças de distância, e em cada momento calculamos o peso perdido para cada liga que fizemos, e comparamo-los.

A topografia é estudada com um exame SEM do desgaste para determinar o tipo de desgaste resultante da fricção entre superfícies. Recolhemos o pó gerado pela fricção após a paragem do dispositivo e retirámos os resíduos da amostra de teste e analisámos os elementos presentes na mesma por EDS.

4.2. Material

Como mencionámos acima, os materiais utilizados são pós de diferentes tamanhos de partículas, em que o Al e o Si com ele são de tamanho micro da Nanografi Technology, enquanto o MoS_2 e o BN são de tamanho nanoparticulado.

A Tabela 4.1 apresenta os elementos e compostos com medidas aproximadas de tamanho de partícula e pureza.

Tabela 4.1 Os elementos e os compostos em pó.

Pó	% de pureza	Tamanho aproximado das partículas	Símbolo
Alumínio	99.99	44 (μ m)	Al
Silício	99.99	44 (μ m)	Si
Dissulfureto de molibdénio	99.90	50 nm	MoS_2
Nitreto de boro	99.80	30 nm	BN

Tabela 4.2 Percentagem de peso dos pós utilizados nas amostras de nanocompósitos.

Amostra	Al-12 wt% Si	peso (g)	MoS_2 %	MoS_2 peso (g)	BN %	BN peso (g)
1	100	10	0	0	0	0
2	98	9.8	1	0.1	1	0.1
3	96	9.6	2	0.2	2	0.2
4	94	9.4	3	0.3	3	0.3
5	96	9.6	4	0.4	0	0
6	96	9.6	0	0	4	0.4

As seis ligas diferentes foram preparadas por técnicas de metalurgia do pó a partir dos quatro tipos de material sob a forma de micro e nanopós. A Tabela 4.2 mostra as diferentes percentagens de peso e pesos em gramas para preparar as amostras de nanocompósitos.

Sabe-se também que um material com um tamanho inferior a 100 nm é considerado como tendo propriedades com especificações elevadas que se aplicam à descrição da nanotecnologia. Ao adicionar nanopartículas aos MMCs, observou-se uma clara melhoria das propriedades mecânicas e físicas e da resistência à fratura.

Assim, as especificações e caraterísticas dos MMNCs são ligas metálicas com nanopartículas que podem superar condições de trabalho difíceis, maior vida útil, desgaste e resistência à fadiga.

4.3. Experiências e métodos

Em primeiro lugar, foram preparados os pós de tamanho micro de Al, Si, e tamanho nano de BN e MoS_2 . A mistura foi efectuada de acordo com a Tabela 4.2.

4.3.1. Método de preparação do compósito de matriz de alumínio AMC

Para a preparação da liga por tecnologia do pó, o cálculo do peso foi efectuado com base em 12 %. O peso total da liga é de 10 gramas, ou seja, 12 %, o que equivale a 1 e 2 décimos de grama, que é o peso do Si. Quanto ao Al, este pesa 8 e 8 décimos de grama. O material em pó foi fornecido com um moinho de bolas a 250 rpm num recipiente de plástico durante duas horas. Após a mistura, retiramos uma amostra do pó de Al-Si, desde que não exceda 1 g, para os ensaios de XRD, SEM e EDX.

4.3.2. Método de preparação de nanocompósitos de matriz de alumínio

Os pós de liga (Al-12 wt % Si) foram misturados com nanopartículas (MoS_2 e BN) por mistura a seco. Estes pós são misturados utilizando um moinho de bolas para obter uma boa dispersão. A mistura de pós foi efectuada adicionando o pó de liga (Al-12 wt % Si) numa proporção de 20:1 juntamente com vários aditivos misturados (nano-MoS_2 e nano-BN) num moinho de bolas (2,5 mm de diâmetro de bola com 20 números por cada grama), e utilizando apenas uma única adição de MoS_2 ou BN. O tempo de mistura foi de 2 horas a uma velocidade média de 250 rpm num recipiente seco para obter uma boa distribuição das partículas. Para preparar a primeira liga do nanocompósito, como se mostra na Tabela 4.2, Al-12 % Si híbrido adicionado de 2 % de MoS_2 e BN. Para obter uma adição híbrida de 2 % de nano BN e nano MoS_2 , tomamos 0,1 g de BN + 0,1 g de MoS_2 como nanopós e misturamo-los com uma liga matriz de Al-12 % Si com um peso de 9,8 g.

A adição de 4 % de nanopartículas híbridas (MoS_2 + BN) foi de 0,2 + 0,2 g. Foi adicionada à liga de base de pó Al-12% Si, pesando 9,6 g, e misturada por moagem de bolas num frasco de plástico a uma velocidade de 300 rpm e durante 2 h.

A adição de 6 % de nanopartículas híbridas na terceira liga nano (MoS_2 + BN) foi de 0,3 + 0,3 g. É adicionada à liga de base do pó e misturada por moagem de bolas num frasco de plástico a 300 rpm durante 2 h.

O processo de mistura foi efectuado utilizando esferas de zircónio com diâmetros compreendidos entre 2,5 e 5 mm e o frasco ou recipiente cilíndrico de plástico, velocidade de rotação de 300 rpm, durante 2 h; o número de esferas foi de 20:1.

A quarta liga, 4 % de nanopartículas com apenas uma adição de MoS_2 , 0,4 g é adicionada à liga de base de pó de Al-12 % Si, e misturada por moagem de bolas num frasco de plástico a 300 rpm durante 2 h.

Para a quinta liga, 4 % de nanopartículas, apenas uma adição de BN, 0,4 g, é adicionada à liga Al-Si e misturada por moagem de bolas num jarro de plástico a 300 rpm durante 2 h.

4.3.3. Compactação do pó

O processo de prensagem da mistura de pó é efectuado utilizando um pistão e um molde com um diâmetro interior de 10 mm. O pó misturado é submetido a um processo de prensagem a frio uniaxial para obter uma boa pressão de prensagem e produzir uma peça em bruto com menos defeitos. Para selecionar uma pressão adequada, foi realizada mais do que uma experiência. Foi utilizado um molde com um diâmetro de furo de 10 mm e uma prensa hidráulica com uma capacidade de 12 toneladas. Pesos de compactação do pó de 6, 7 e 8 toneladas. O trabalho experimental e a literatura (Schey & John, 2007), (M.E. Fayed & L. Otten, 1984), (Cathleen H. 2007) mostraram que a pressão óptima aplicada foi de 7 toneladas para todas as amostras utilizadas neste trabalho.

A prensagem foi efectuada em condições normais de aotmosfera sem aumentar a temperatura e com pressões superiores a 7 toneladas. Assentámos com esta pressão durante dois minutos, e estes valores são das variáveis influentes na produção de peças com especificações elevadas e na obtenção de valores com condições elevadas provenientes de experiências, sendo que todas as misturas e proporções podem alterar estes valores.

Existem vários factores dos quais depende o valor da pressão aplicada ao pó preparado, incluindo o tamanho do pó, uma vez que os nanopós diferem dos micro-pós pelo valor da pressão aplicada, e também para obter o valor da pressão a um nível ótimo com base em experiências.

Um dos factores importantes é o tipo de elementos do pó e a sua composição química, que têm um papel importante na convergência dos átomos e na sua ligação a uma determinada pressão. Uma vez que a pressão varia consoante a área em que a força é aplicada, medir o molde medindo o seu diâmetro interior. Utilizámos um molde de três peças, a primeira peça cilíndrica é um punção que será sujeito a pressão direta pelo pistão em forma de coluna, e a sua face circular estará contra o pó. A segunda parte do molde é a matriz, onde vamos encher o pó no seu interior; a parte mais pequena representa a base da matriz e fica no fundo, sendo a primeira coisa a ser levantada após o fim do processo de prensagem do pó.

Durante o trabalho, este molde é sujeito a danos devido à pressão constante, o que leva à expansão do diâmetro do veio e do seu canto no interior do molde. Utilizando outro molde com as especificações da ferramenta, em aço inoxidável, com uma superfície finamente lisa e dimensões precisas, para produzir as amostras com as melhores medidas e sem defeitos na sua consistência.

A Figura 4.1 a seguir representa as três partes do molde, representa a parte superior, e chamamos-lhe o punção com diâmetro de 10 mm, a segunda parte é a matriz, e a última parte é a base. As imagens reais do molde utilizado neste estudo, em que a imagem da esquerda mostra as partes do molde em forma cilíndrica e a outra em forma retangular. É possível fazer formas cilíndricas e cúbicas para as amostras fabricadas, e isso é claro na imagem da direita, mas de acordo com as especificações padrão do ensaio de desgaste, as amostras produzidas devem ser cilíndricas com um diâmetro de 10 mm.

Figura 4.1 As diferentes formas de moldes; cúbicos e cilíndricos

Figura 4.2. A amostra após a prensagem

O processo de prensagem e a seleção da pressão dependem do tipo e do tamanho do pó. Através das experiências, utilizámos uma pressão de 7 toneladas e fixámo-la durante dois minutos. Depois de retirado do molde, o processo de adesão entre dois metais diferentes ocorre temporariamente devido à pressão do aço sobre o pó de Al. A imagem da Figura 4.2 mostra o limite entre uma amostra da liga de Al e a barra de aço utilizada nos moldes.

A Figura 4.3 mostra a amostra de pó de Al após a sua separação da soldadura da coluna de aço e atinge uma altura de 15 a 20 mm e um diâmetro de 10 mm. Note-se que o pó de Al é mencionado porque é o elemento principal com o qual os restantes elementos são misturados na sua forma micro ou nano de diferentes proporções de pó.

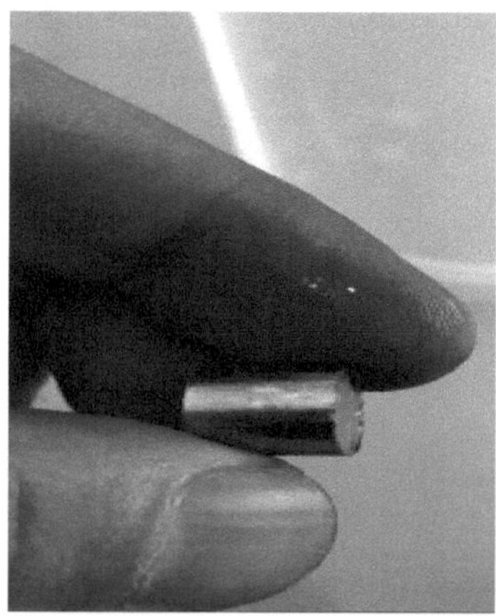

Figura 4.3. A amostra, depois de ser retirada da haste

4.3.4 Sinterização

O processo de sinterização na presença de um gás inerte de proteção, que é o Ar, protege as amostras durante as altas temperaturas da entrada de Oxigénio nos compostos químicos de que é feito o nanocompósito.

O processo pode ser comparado com a soldadura TIG, que é um processo de soldadura de metais, especialmente Al, utilizando um elétrodo de tungsténio e com a proteção de um gás inerte como o Ar, mas a diferença na sinterização é a uma temperatura inferior ao ponto de fusão e igual a cerca de 0,8 do mesmo e de acordo com o tipo de metal. O ponto de fusão do Al é superior a 660° C e varia em função dos elementos de liga adicionados, tendo-se utilizado uma temperatura média de sinterização de 550° C.

No forno tubular mostrado na Figura 4.4, 6 amostras foram colocadas dentro de 6 frascos de cerâmica, onde a primeira era a liga base, e as restantes eram amostras de nanocompósitos. As condições de sinterização foram as mesmas para todas as amostras; a sequência de exposição ao calor dentro do forno foi em três estágios, o primeiro estágio foi elevado da temperatura ambiente para 350° C, e mantivemos por 30 min. Na segunda fase, a temperatura foi aumentada para 550° C e estabilizada durante 90 min; a última fase arrefeceu à temperatura ambiente durante mais de 90 min. Todas as etapas da sinterização são mostradas no diagrama da Figura 4.5, que representa a relação entre o tempo e a temperatura; realizámo-la com a presença de gás Ar a bombear a uma taxa de 2 L/min. Como se mostra abaixo, o forno elétrico tubular foi ligado com gás Ar para proteger todas as amostras verdes durante o processo de sinterização.

Figura 4.4. O forno elétrico tubular utilizado para a sinterização

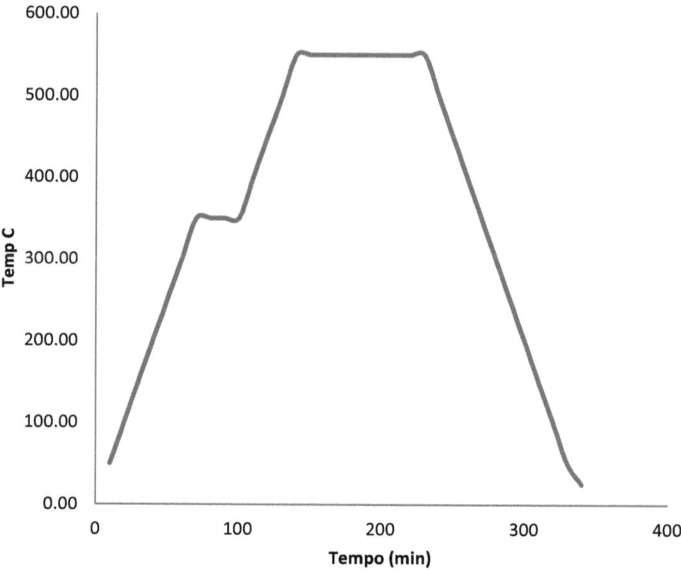

Figura 4.5. Ciclo temporal de temperatura do processo de sinterização.

A partir do trabalho experimental e da revisão da literatura de (W. W. Leong Eugene & M. Gupta, 2010), parece que o mesmo procedimento acima descrito foi efectuado nas amostras sinterizadas.

4.3.5. Microscopia eletrónica e espetroscopia de dispersão de energia

A utilização do microscópio eletrónico de varrimento (SEM) é importante na preparação de nanomateriais, de modo a determinar as diferentes propriedades do material fabricado.

Uma das propriedades que pode ser determinada é a topografia da superfície do composto preparado, que mostra a rugosidade ou suavidade das superfícies, e está relacionada com os elementos e compostos a partir dos quais a liga foi preparada e o seu tamanho granular.

Uma vez que mencionámos o tamanho das partículas, podemos conhecer as medidas e dimensões do tamanho das partículas após o processo de mistura mecânica dos pós, os limites cristalinos da liga e as diferentes fases após o fabrico do composto, e as diferentes proporções dos elementos num determinado composto a partir de uma parte de uma superfície examinada.

O aparelho utilizado na nossa investigação está localizado no Centro de Investigação do Mar Negro da Universidade Ondokuz Mayıs de Samsun, modelo Jeol JSM-7001F. Este SEM está equipado com um espetrómetro de dispersão de energia (EDS), um detetor de electrões secundários (SE) e difração por retrodifusão de electrões (EBSD) .

O EDS e o BSD são importantes para determinar o mapa de componentes através do processamento eletrónico de imagens, definindo a propriedade do elemento e extraindo a composição automaticamente.

Beneficiámos da MEV para determinar a distribuição homogénea entre micro e nanopós para Al-Si- MoS_2 -BN, da análise de cada elemento dos pós, especialmente a percentagem de nanopartículas antes e depois do ensaio de desgaste, e da imagiologia de superfície para determinar o tipo de desgaste do nanocompósito após a realização do ensaio de desgaste.

O princípio da análise por EDS depende dos raios X caraterísticos resultantes da colisão de electrões na superfície da amostra e da emissão destes raios, que indicam o tipo de átomos de acordo com o espetro emitido. A partir do sensor que capta a energia emitida de forma espetral, esta transforma-se num mapeamento dos elementos e mostra as suas proporções na superfície que foi analisada.

O raio X caraterístico resultante depende da intensidade da tensão de aceleração; o valor de 10 kV não dá a mesma penetração sob a superfície metálica que o efeito de 15 kV.

Existe uma integração no trabalho de SEM e EDS onde, ao mesmo tempo, esses electrões colidem na superfície da amostra, levando à formação de SE, BE e raios X.

A partir dos resultados acima, alguns detectores recebem BE, SE e EDS, dando assim uma descrição integrada da superfície da amostra examinada como uma imagem de um mapa no qual são indicadas as proporções dos elementos. A figura 4.6 mostra uma descrição integrada da superfície da amostra examinada como uma imagem de um mapa no qual são indicadas as proporções dos elementos.

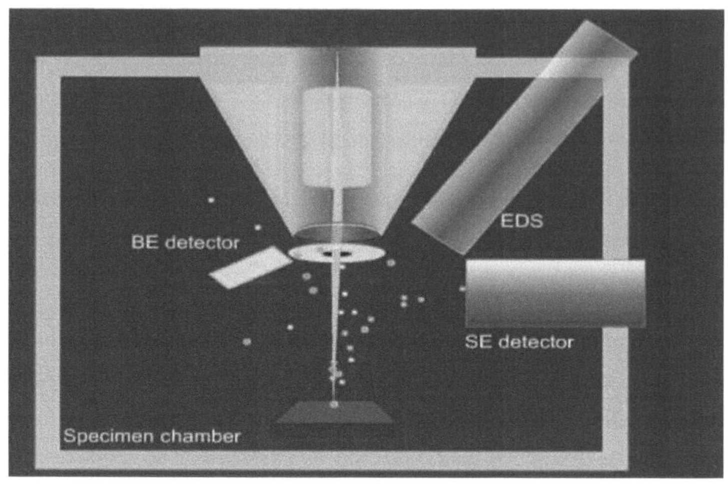

Figura 4.6 Esquema da Microscopia Eletrónica.

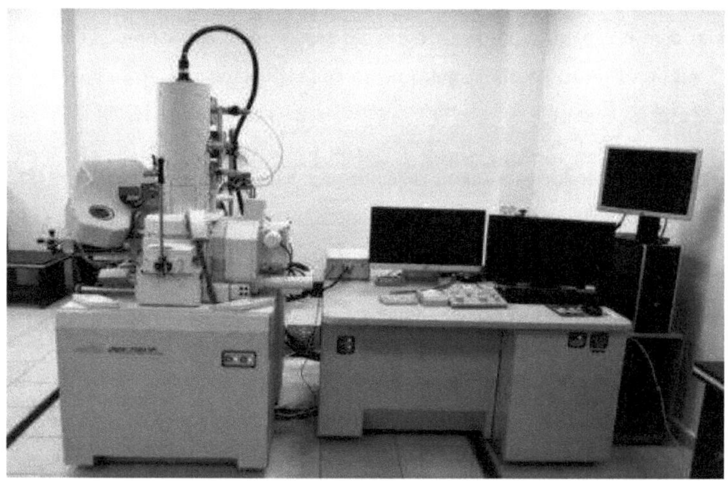

Figura 4.7. Microscópio eletrónico de varrimento (modelo Jeol JSM7001F)

4.3.6. Caracterização por XRD

XRD A difração de raios X foi utilizada para determinar as fases dos elementos incluídos na mistura de pós na primeira fase apenas ao nível micro de Al e Si, e após a segunda fase de preparação, adicionando nanopartículas por mistura mecânica com o pó inicial do micro pó. E as condições de medição foram as seguintes: Raio X 40 kV, 30 mA e velocidade de varrimento/tempo de duração de 2 graus/minuto. O Rigaku Smart Lab localizado no Laboratório Central de Investigação KiTAM contém um sistema arrefecido a água para o tubo de geração de raios X.

Utilizámos o método de Bragg-Brentano usando a "geometria de feixe focal paralelo" para definições de fase para superfícies rugosas, amostras pouco cristalizadas e especialmente películas finas.

Figura 4.8. Dispositivo de difração de raios X (modelo Rigaku Smart Lab)

A XRD baseia-se na base de dados do Centro Internacional de Dados de Difração (ICDD). Organizaram o ficheiro de difração de pós (PDF), que é uma base de dados de difração para materiais inorgânicos, tais como pós minerais e orgânicos, utilizados para a determinação de fases e caraterização de materiais por difração de pós. Este PDF existe há 75 anos e são adicionados anualmente novos exames como base de dados para determinar a difração de raios X dos pós a examinar.

O PDF foi desenvolvido como uma base de dados nos anos sessenta e hoje em dia pode ser acedido através da Internet, depois de ter sido transformado de papel para dados registados no computador, porque se tornou antieconómico estar em livros e registos de difícil acesso. O principal objetivo do PDF é servir como uma ferramenta de referência de qualidade para quem trabalha na caraterização por difração de raios X em pó. A sua utilização tornou-se imperativa para obter as propriedades estruturais e cristalinas do material, permitindo a determinação de fases.

A principal entrada para PDF é: o tipo de difração (raios X, electrões e neutrões), aberturas de comprimento de onda, variáveis de intensidade e espaçamento interplanar (d) e intensidades (I); os índices de Miller são listados quando disponíveis. (Gates-Retor e Blanton, 2019)

O PDF é utilizado porque fornece detalhes estruturais, tais como determinantes da rede cristalina, coordenadas atómicas e factores térmicos, formação de composições, determinação de fases e quantificação. (Belsky et al., 2002).

A American Society for Testing and Materials (ASTM) publicou o primeiro conjunto de PDFs em 1941. Atualmente, estes dados foram aumentados para diferentes materiais, incluindo cristalinos, amorfos e nanomateriais modificados. E, como explicámos na introdução de dados, não se limita apenas à difração de raios X, mas também à difração de electrões e neutrões. (Bruno et al., 2017).

4.3.7 Ensaios de microestrutura e de dureza

As amostras sinterizadas foram preparadas para estudos microestruturais através do processo de sequenciamento. O processo de lixagem foi efectuado utilizando papel SiC de grão 320, 500 e 1000 com água como líquido de arrefecimento. O processo de polimento é efectuado com um pano especial e pasta de diamante (1 μm), o condicionamento é efectuado com um condicionador constituído por 1% de ácido fluorídrico e 99% de água destilada. As amostras foram depois lavadas com água e álcool e secas com ar quente.

Para examinar a microestrutura, as superfícies das amostras preparadas foram examinadas com diferentes ampliações utilizando um microscópio ótico. Foi utilizado um microscópio de polarização para observar a topografia da superfície sinterizada de várias amostras.

A dureza de todas as amostras foi medida utilizando um aparelho de ensaio de dureza micro Vickers. A carga aplicada é de 1,96 N e o tempo de carga é de 15 s. Efetuar 3 a 5 indentações na superfície de cada amostra e obter o valor médio para determinar a dureza Vickers.

4.3.8 Medições da densidade e da porosidade

A densidade final e a porosidade (após sinterização) das amostras foram medidas de acordo com a norma ASTM D 792, que se baseia no princípio de Arquimedes. A densidade específica do material é dada pela equação (4.1) e a porosidade pela equação (4.2)

Em primeiro lugar, pesar a amostra ao ar; em seguida, mergulhá-la num líquido de densidade conhecida e pesá-la novamente; finalmente, calcular a densidade da amostra de acordo com a fórmula (4.1) e a fórmula da porosidade (4.2).

$$\rho_e \text{ xperimental} = \frac{m\,air}{m\,air - m\,water} \times \rho_{water} \quad (4.1)$$

em que m_a e m_w representam a massa da amostra no ar e na água, respetivamente, e ρ_w representa a densidade da água destilada (0,998 g/cm^3 a 20° C).

$$\rho_{te\acute{o}rico} = \rho_{Al\text{-}liga} * W_{Al\text{-}liga} + \rho_{si} * W_{si} \quad (4.2)$$

em que W e ρ representam a fração de peso e a densidade (g/cm^3) do elemento. (J. Kuma, et al. 2020)

$$\%\text{Porosidade} = 1 - \frac{\rho\,experimental}{\rho theoritical} * 100 \quad (4.3)$$

4.3.9 Medição da taxa de desgaste

A taxa de desgaste das amostras foi determinada gravimetricamente. As amostras foram pesadas antes e depois do ensaio de abrasão utilizando uma balança sensível com uma exatidão de 0,0001 g. A perda de peso (ΔW) é dividida pela distância de deslizamento e a taxa de desgaste é determinada utilizando a fórmula em (U.N.I.D.O., 1990).

Taxa de desgaste (W.R)= $\Delta W / \pi D.N.t$ (4.4)

em que: D é o diâmetro do círculo de deslizamento (cm), t é o tempo de deslizamento (min), N é a velocidade do tambor ou do disco (rpm)

O comportamento real de desgaste do material é afetado por vários parâmetros externos (tamanho, velocidade e angularidade das partículas abrasivas), bem como pelas qualidades intrínsecas do material de desgaste (dureza, tenacidade, módulo de Young, etc.). As caraterísticas de dureza e tenacidade dos materiais resistentes ao desgaste são fortemente influenciadas pela quantidade, tamanho e propriedades mecânicas da fase de reforço (Priit Kulu et al. 2008).

O comportamento nano-tribológico pode ajudar a desenvolver novos lubrificantes sólidos, como os utilizados na tecnologia de armazenamento em disco rígido, e a manipulação repetível e fiável de micro/nano-objectos em superfícies (Metin Sitti, 2003).

5. RESULTADOS E DISCUSSÃO

5.1. Introdução

Iniciamos os testes após a preparação dos micro e nanopós, onde os primeiros resultados foram a difração de raios X da liga básica, Al-12wt%Si, uma vez, e a outra após a adição de nanopartículas de forma híbrida.

Também realizámos SEM para os pós preparados, mostrámos os resultados e discutimos a distribuição dos pós preparados por mistura mecânica. Além disso, para além de detalhar a caraterização dos componentes incluídos nos pós, apresentamos os resultados da análise por EDS para diferentes pós antes e depois da mistura.

Após os procedimentos de prensagem e sinterização, são apresentados resultados de diferentes ensaios, nomeadamente a dureza, a densidade e as porosidades dos nanocompósitos preparados pelo método da tecnologia do pó. Serão apresentados os resultados dos ensaios de desgaste, a sua discussão com as imagens do microscópio eletrónico das várias amostras, as melhorias ou falhas que ocorreram nas experiências, e as suas razões com uma comparação com alguns estudos anteriores.

5.2. Difração de raios X (XRD)

A intensidade e o ângulo de Bragg θ estão relacionados com a estrutura cristalina e estão de acordo com a resposta de difração de raios X para cada pó. Comparando com os dados padrão definidos para os modelos PDF anteriores dos materiais, podemos determinar os picos dos elementos nos níveis atómicos.

As condições de medição da difração de raios X são indicadas no quadro seguinte:

Tabela 5.1 Parâmetros XRD

Velocidade de varrimento/tempo de duração	2.0000 graus/minuto
Tensão	40 kV, 30 mA
Largura do passo	0,0100 graus
Eixo de varrimento	Theta/2-Theta
Alcance de varrimento	1,0000-90,0000 graus
Fenda incidente	1/2deg
Fenda limitadora de comprimento	10,0 mm
Fenda recetora #1	1/2deg
Fenda recetora #2	0,300 mm

Começaremos com os picos que apareceram após o exame do dispositivo tal como está, e depois desenharemos picos que mostram os planos da estrutura cristalina, e depois desenharemos diagramas de comparação entre a liga básica e as ligas com as nano-adições.

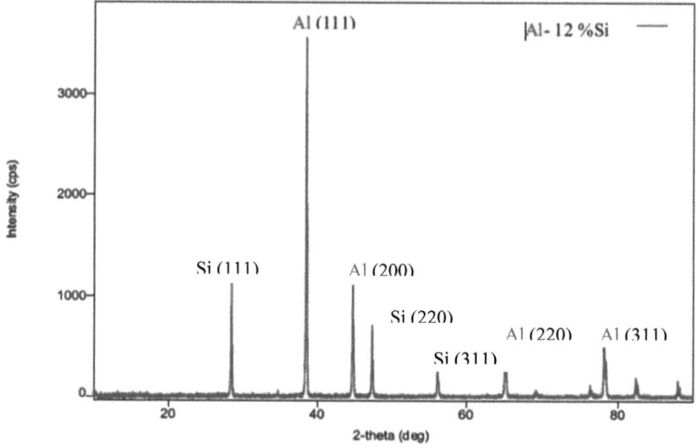

Figura 5.1 XRD da liga de base Al-12 % Si

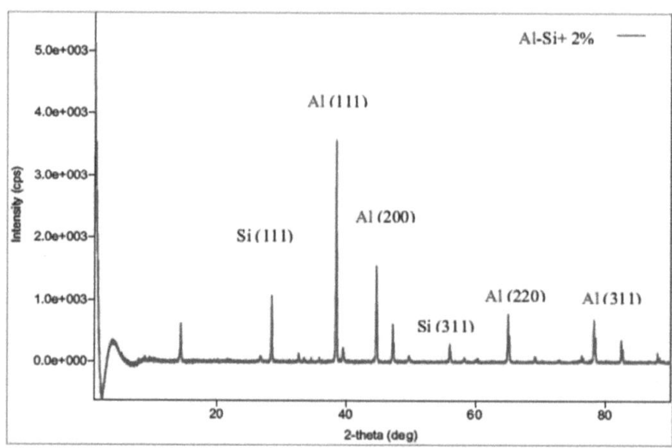

Figura 5.2 XRD de Al-Si+ 1% MoS$_2$ + 1% BN

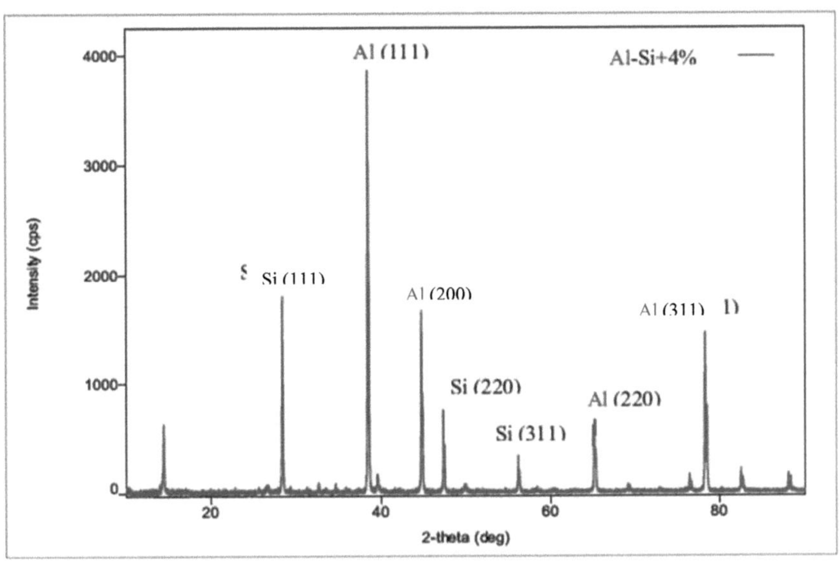

Figura 5.3 XRD de Al-Si + 2 % MoS$_2$ + 2 % BN

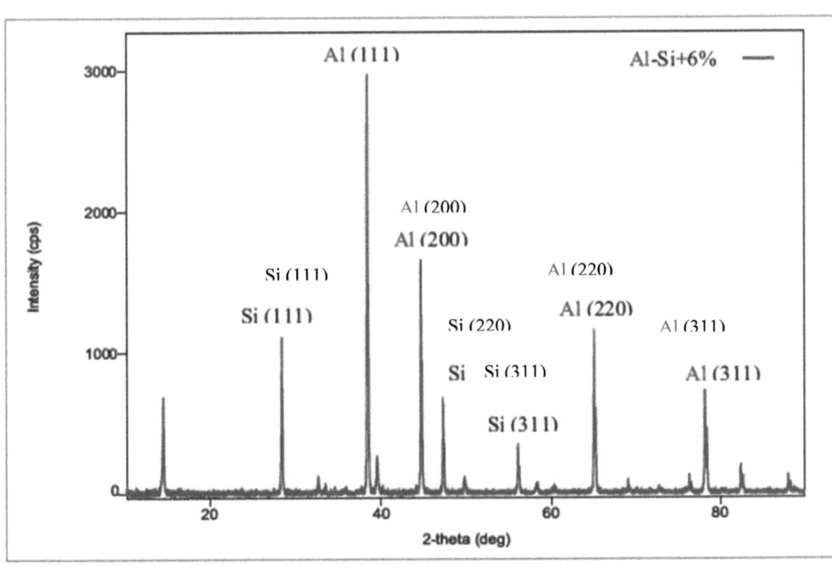

Figura 5.4 XRD de Al-Si + 3 % MoS$_2$ + 3 % BN

Um exame de raios-X foi realizado usando o método de difração de raios-X, começando com o pó da liga Al-Si para a primeira amostra, depois disso a segunda amostra da mistura de Al-Si e a adição de 1 % de MoS_2 + 1 % de BN, bem como para o resto dos outros aditivos comuns. Notaremos todos os diagramas para todas as amostras, que há uma diferença muito pequena nos picos e intensidades nos ângulos Θ, a razão é que a quantidade de nanoelementos é adicionada em pequenas proporções e a medida do micrômetro é a mais influente nos resultados da difração de raios X para determinar as fases. Além disso, após estes diagramas, extraímos apenas dois diagramas que mostram os níveis atómicos em comparação com os resultados dos exames PDF anteriores

O primeiro esquema representa os resultados da liga de base constituída por pós de Al em 88 % e Si em 12 %. Os picos são claros para os níveis porque se trata de pós de escala micrométrica. A figura 5.1 mostra o plano (111).

O exame por difração de raios X depende de entradas, incluindo o tipo de material, a sua quantidade e o tamanho da partícula, onde o último efeito tem prioridade pelo aparecimento da fase claramente de acordo com a sua quantidade e tamanho para a comparar com os dados armazenados para exames de elementos anteriormente.

A segunda fase do ensaio de difração, tal como referido anteriormente, é realizada após a adição das nanopartículas de MoS_2 e BN à liga de origem com a percentagem mais elevada de Al e Si. Em comparação com os rácios, a maior percentagem adicionada é de 6% de adição híbrida, representando apenas 3% para cada nano-mistura. Isto pode fazer com que não notemos um tipo ou fase numa parte de uma amostra do pó que foi examinada, e isto é mostrado na Figura 5.2, onde não nos mostraram os picos explicitamente ou completamente para as fases dos elementos no tamanho nano. Ainda temos clareza com picos da relação de intensidade e dois-teta para os dois maiores elementos, que são Al-Si, dos planos (111) e (200).

Ao analisar as figuras, torna-se evidente que estão presentes fases distintas de Al puro em ângulos 2θ específicos. Estes ângulos são medidos a 38,50° , 44,74° , e 65,13° graus. Estas descobertas alinham-se com a investigação anterior realizada por (Muhammed R. et al., 2014), validando ainda mais os nossos resultados. A presença dessas fases indica a estrutura cristalina do Al puro dentro da amostra. Os ângulos específicos em que estas fases aparecem correspondem aos padrões de difração caraterísticos associados aos planos da estrutura cristalina do Al.

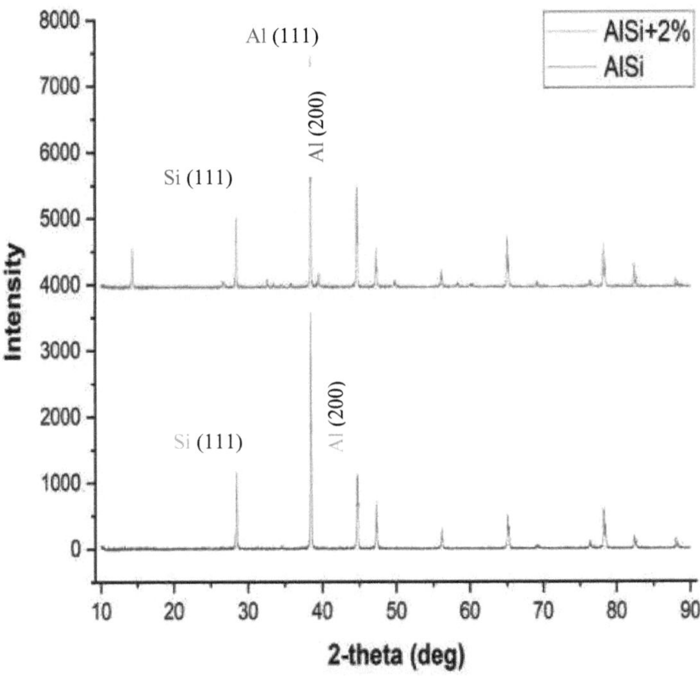

Figura 5.5 Comparações XRD de Al-Si com 2% de MoS híbrido +BN$_2$

Após a observação da figura anterior, nota-se um aparente desvio nos valores dos ângulos e da intensidade. Quanto às duas figuras seguintes, as adições não tiveram qualquer efeito, pelo que se nota que os picos são idênticos, com alguma diferença de intensidade. A razão poderá estar nas diferentes proporções dos elementos afectados durante a passagem dos raios X e o seu efeito nos átomos. Considerámos que a base para o teste de calibração era o pó primário constituído por Al com 12% de Si, e os resultados de cada amostra foram comparados com este.

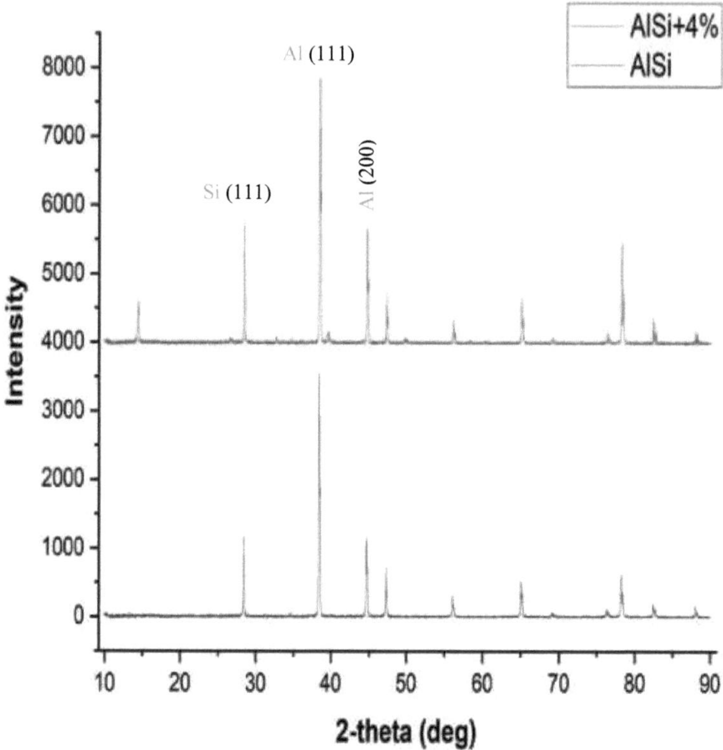

Figura 5.6 Comparações XRD de Al-Si com 4% de MoS híbrido +BN₂

Ao ilustrar a diferença numa cor vermelha para distinção, o seu não aparecimento indica uma correspondência completa entre a liga de base e os nano-aditivos, e não há um ligeiro desvio que distinga os ângulos das duas medições.

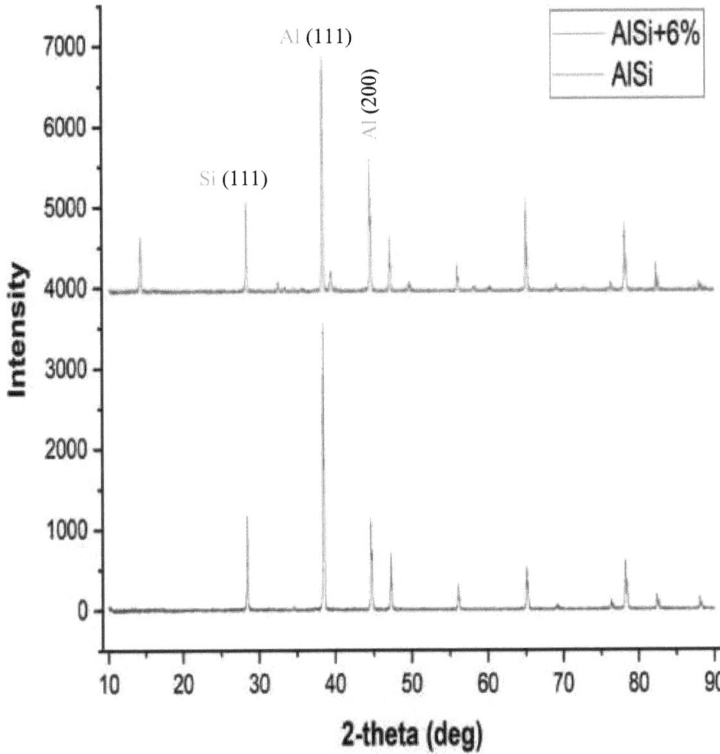

Figura 5.7 Comparações XRD de Al-Si com 6% de MoS híbrido +BN$_2$

Comparando os resultados do ensaio de raios X com os diagramas combinados da liga de base e do nano-aditivo acima, nota-se a grande convergência entre os picos do grande efeito do Al como metal hospedeiro, seguido do Si. A outra razão para a clareza dos picos para as fases de Al e Si é: o tamanho micro-granular e a presença de nano-aditivos em pequenas proporções. O aparecimento de picos simples devido ao efeito dos nano-elementos adicionados que formam fases cristalinas é difícil de diagnosticar em comparação com os dados de stock para as fases cristalinas dos elementos examinados anteriormente.

5.3. Imagens SEM para pós

A caraterização do pó misto por SEM mostra a distribuição e a homogeneidade dos diferentes componentes misturados por moagem de bolas. A primeira investigação para a primeira micro-liga Al-12 % Si como pó misto. A segunda e terceira caracterizações para (h-BN) e MoS_2 como nanopartículas foram adicionadas à liga de base.

Como mencionado anteriormente, o nível nanométrico após a prensagem e a sinterização não aparece claramente, devido à agregação e às medições micrométricas dos principais pós básicos. Este facto é confirmado por estudos anteriores, como na investigação de M. J. Fouad, 2014.

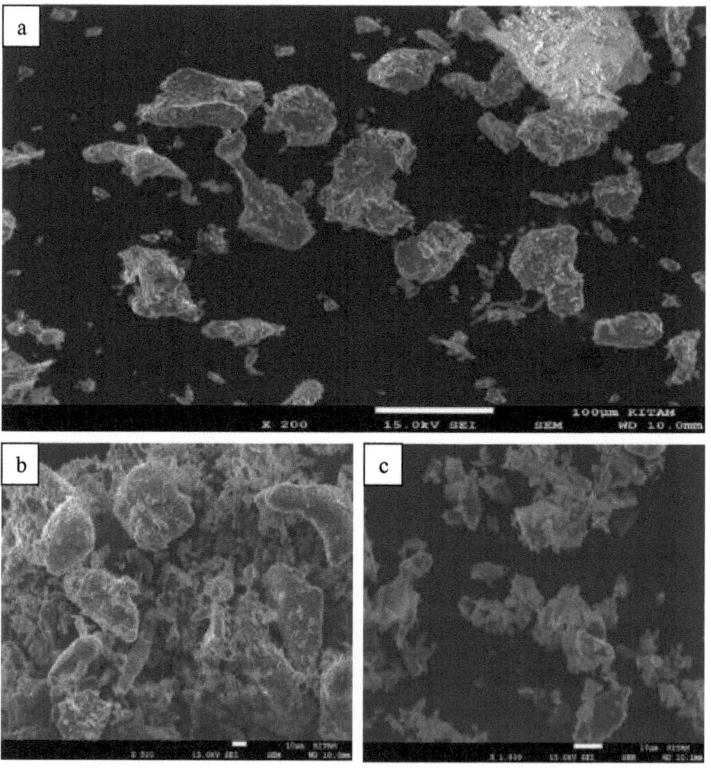

Figura 5.8. Pó de Al-12 % Si por SEM; a) 200 X, b) 500 X, e c) 1 kX

Na Figura 5.8. a, SEM da mistura resultante de pós de Al e 12 % Si com uma ampliação de 200 X, a um nível de 100 µm. A Figura 5.8. b, com uma ampliação de 500 X, e a Figura 5.8. c com uma ampliação de 1 kX a uma escala de 10 µm mostram-nos a homogeneidade entre o Al e o Si após a mistura por moagem de bolas.

Após a mistura dos grânulos do pó de 44 µm em relação ao Al e Si, nota-se a redução dos grânulos como resultado do embate das bolas durante a moagem. Na Figura 5.8. c, nota-se claramente que o tamanho das partículas é inferior a 10 µm. A ampliação foi de 1 kX, e a escala foi de 10 µm.

Figura 5.9. Imagem SEM do nanopó de h-BN

A partir da Figura 5.9, o tamanho das partículas do pó é inferior a 100 nm, quando foi obtido por um SEM, com ampliação de 30 kX e uma escala de 100 nm.

Figura 5.10. Imagem SEM do MoS_2 nanopowder.

A Figura 5.10 mostra o nanopó de MoS_2 . É possível ver a distribuição do tamanho das partículas com uma ampliação de 30 kX, notando-se um tamanho de grão de cerca de 40 nm.

Figura 5.11. SEM para pó híbrido de Al-Si+ 2 % MoS_2 -BN; a) 2 kX, b) 30 kX

Após a mistura do nanopó e do micro pó, a caraterização por SEM foi efectuada em diferentes ampliações de (a) 2 kX com escala de 10 µm e (b) 30 kX com escala de 100 nm na Figura 5.11. Nota-se a homogeneidade e a presença das partículas numa escala inferior a cem nanómetros. Esta é a prova do sucesso do processo de mistura sem aditivos, das condições de mistura a seco e da ausência de aglomeração.

Ultrapassámos as desvantagens da mistura em condições húmidas ou da mistura durante o processo de fusão, pelo que o processo de produção de nanocompósitos pelo método da tecnologia do pó nos deu resultados satisfatórios para o composto final.

Na imagem da Figura 5.11-b com uma ampliação de 30 kX e uma escala de 100 nm para o nanocompósito de Al e Si adicionado em peso de MoS_2 e BN um aditivo híbrido com apenas 2 %. As nanopartículas ainda são claras para o nanopó de MoS_2 e BN.

5.4. Espectrometria de dispersão de energia (EDS)

O EDS mostrou-nos os resultados da análise de vários elementos dos pós; a maioria deles com picos, como esperado, são Al e depois Si, porque é uma liga essencial com proporções de mistura que quase obscurecem o resto dos elementos.

A figura 5.12 mostra quantidades de outros elementos, incluindo o O, cuja presença é explicada pela velocidade de interação do Al com ele, e pequenas percentagens de C e Fe para uma pequena parte da amostra mostrada pelo mapa da distribuição dos elementos no espetro.

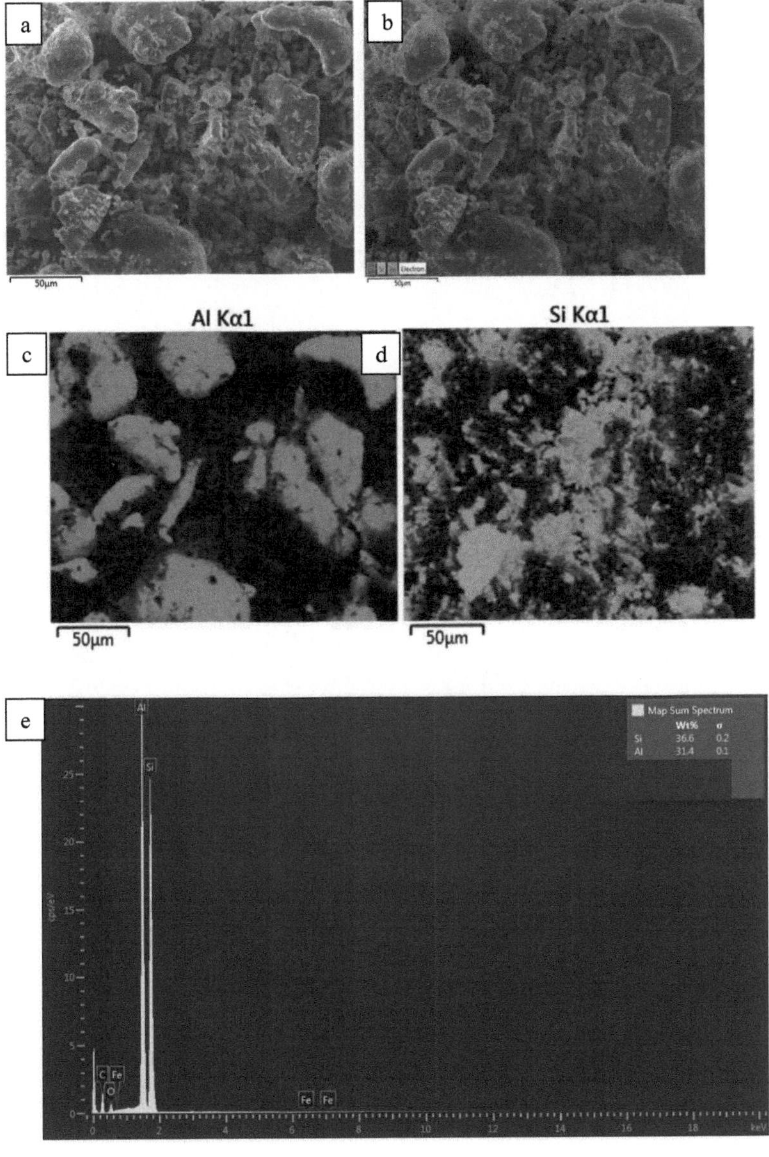

Figura 5.12. EDS de pós Al-Si; a) imagem Al-Si, b) mapeamento Al-Si, c) elemento Al, d) elemento Si e e) espetro de elementos.

55

A partir da primeira imagem tirada com um microscópio eletrónico à escala de 50 μm, o tamanho do grão de Al aparece clara e homogeneamente, assim como as imagens seguintes da sobreposição de Si, formando um pó de Al 12 % Si. A análise elementar mostra a clareza dos picos mais elevados dos elementos Al e Si após a preparação da liga de base por moinho de bolas.

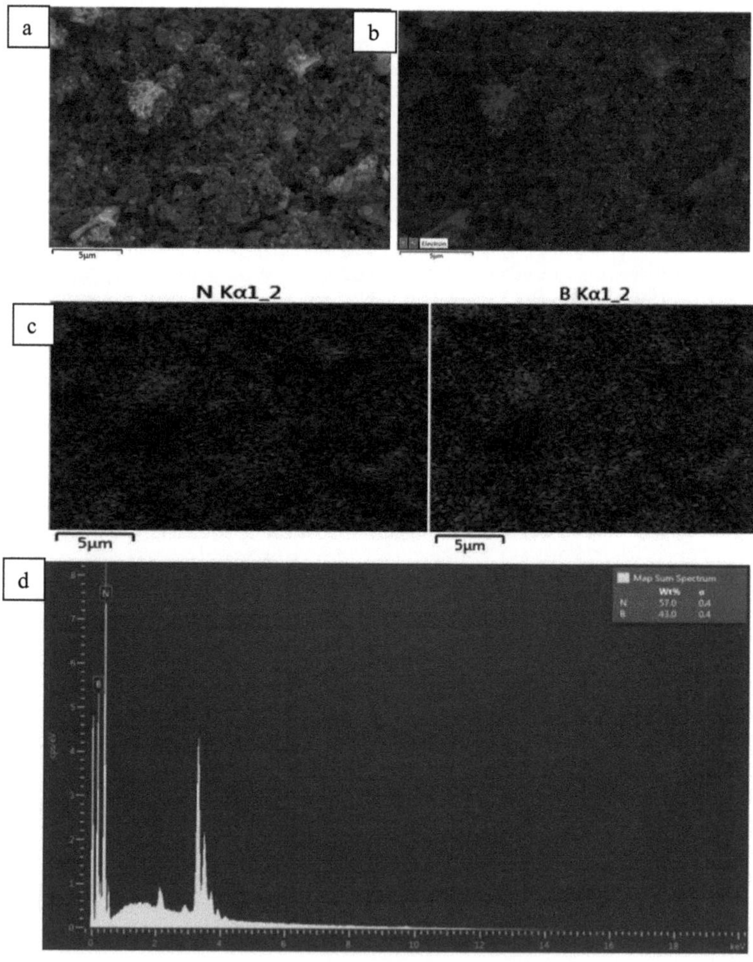

Figura 5.13. EDS do nanopó h-BN a) imagem BN, b) mapeamento BN, c) elemento B
e N, d) espetro de elementos.

A Figura 5.13 mostra o ensaio por EDS, que pode mostrar os picos de B e N. A análise do espetro total deu 57 e 43 % em peso, respetivamente.

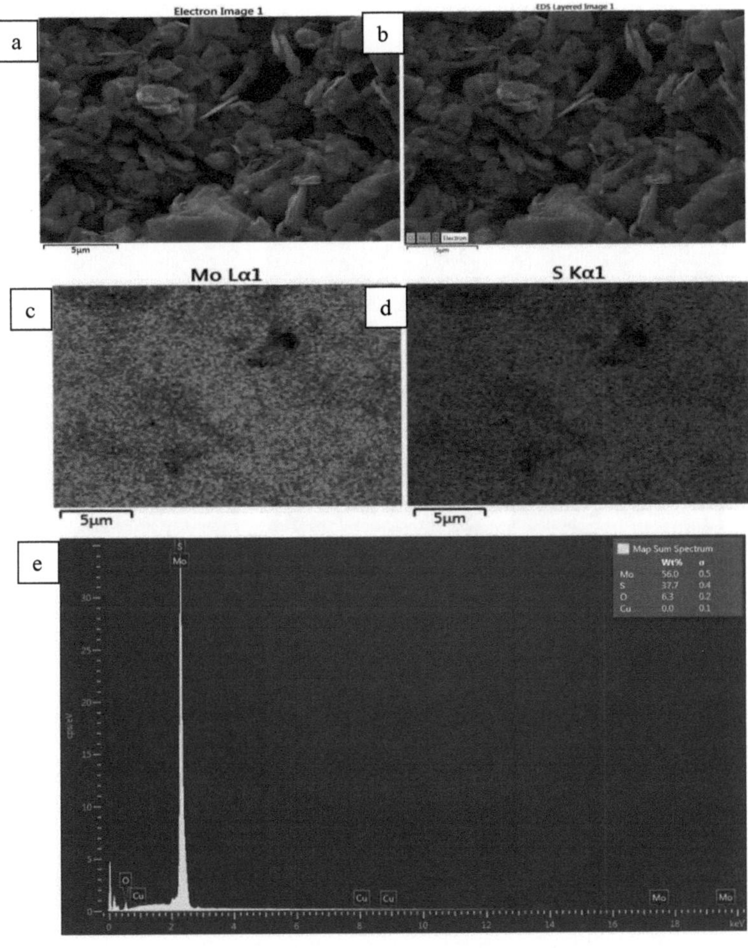

Figura 5.14. EDS de MoS em nanopó$_2$; a) imagem de MoS_2 , b) mapeamento de MoS_2 , c) Mo, d) S, e) espetro de elementos.

A Figura 5.14 mostra os picos de Mo e S do nanopó MoS_2 . A alta energia do EDS permite-lhe mostrar diferentes elementos e, assim, fornece uma análise precisa para uma parte específica do mapa do espetro dos elementos afectados na parte da mistura preparada. O espetro total deu a percentagem mais elevada de peso de Mo, que atingiu 56% em peso, e 37% em peso para S. Os 6,3% em peso de O de oxigénio surgiram da oxidação superficial de Al.

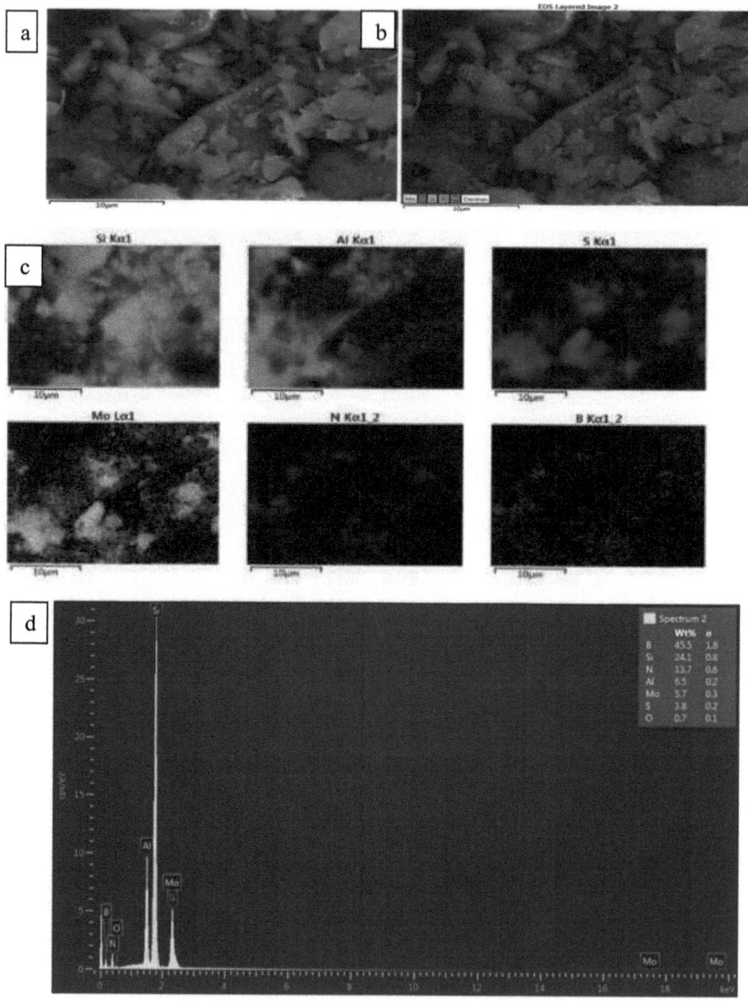

Figura 5.15. EDS de Al-Si-2 % MoS_2 -BN; a) imagem de Al-Si-2% -MoS -BN_2 , b) mapeamento, c) análise de todos os elementos, d) espetro de elementos.

O EDS na Figura 5.15 para os nanocompósitos híbridos deu, nesta região da amostra, um resultado que se afasta das expectativas, porque o pico mais alto foi para o Si com 24%, e a maior percentagem para o B foi de 45,5% em peso, em vez de Al com 6,5% em peso.

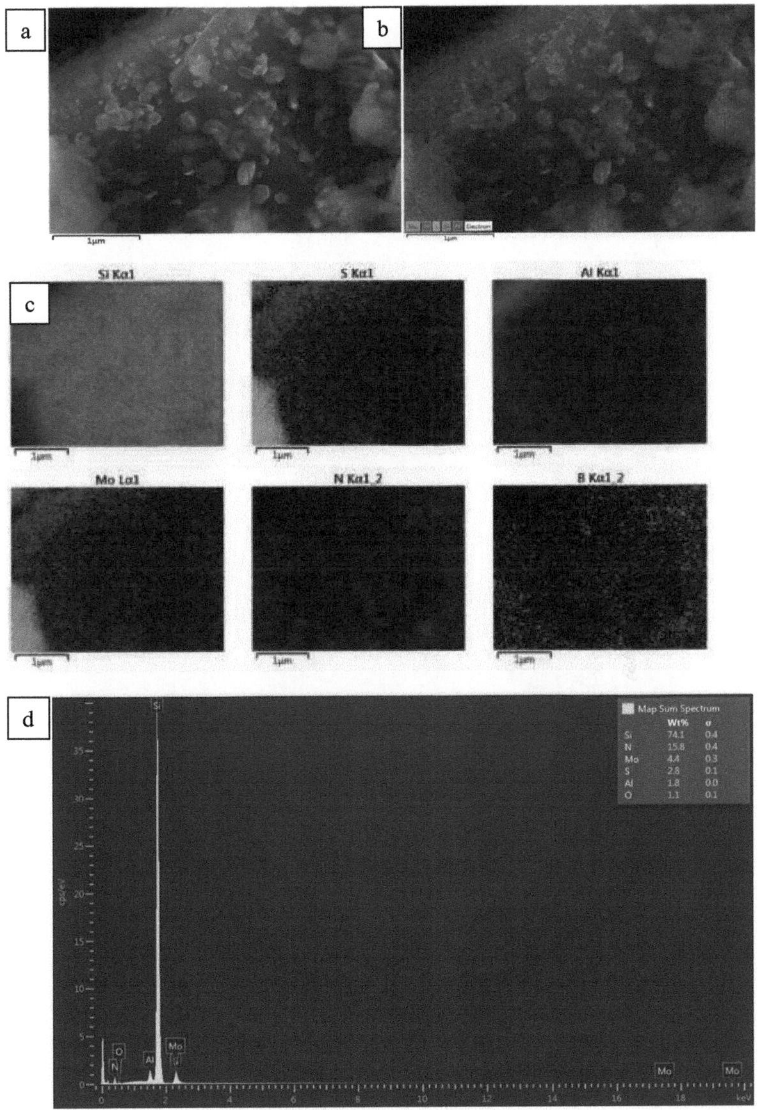

Figura 5.16. EDS de Al-Si- 4 % (MoS$_2$ -BN); a) imagem de Al-Si-4 % -MoS -BN$_2$ b) mapeamento, c) todos os elementos, d) espetro de análise dos elementos

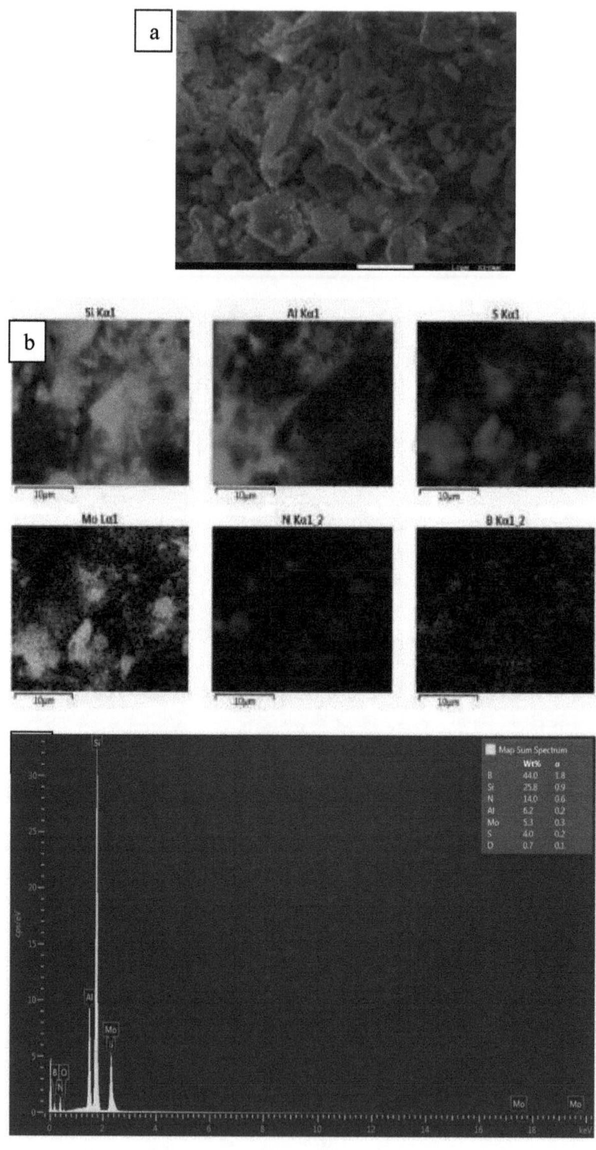

Figura 5.17. EDS de Al-Si 6 % (MoS_2 -BN); a) imagem de Al-Si-6 % -MoS -BN_2 , b) mapeamento de todos os elementos, e c) espetro do elemento

5.5. Pó para prensagem

No que diz respeito às propriedades das ligas Al-Si, a pressão de compactação desempenha um papel fundamental. Esta pressão refere-se à força aplicada durante o processo de fabrico destes materiais, e pode afetar grandemente as suas caraterísticas e desempenho. Altas pressões de compactação exercidas sobre a liga Al-Si resultam numa microestrutura mais densa, melhorando a sua resistência mecânica e resistência ao desgaste. Por outro lado, baixas pressões de compactação levam a uma menor densidade e a um aumento da porosidade no material, o que pode afetar negativamente as suas propriedades mecânicas. Por conseguinte, encontrar uma pressão de compactação óptima é crucial para obter as caraterísticas desejadas, como dureza, condutividade térmica e resistência à corrosão melhoradas nas ligas de Al-Si. É através do controlo cuidadoso desta variável que os fabricantes conseguem afinar as suas ligas para aplicações específicas, tais como componentes de motores automóveis ou materiais de embalagem eletrónica. Decidimos fazer uma pequena experiência e colocámos o pó de Al-Si sob a poderosa força de uma prensa hidráulica com mais de 7 toneladas. Como se vê, quando se aplica uma pressão tão extrema a esta mistura de pó fino, esta sofre uma forte compressão. As partículas começam a unir-se, formando uma massa sólida que é mais resistente do que as unhas. Este processo pode ser como magia: pega em pó solto e transforma-o num material robusto pronto a enfrentar qualquer desafio. Queríamos ver até onde podíamos ir os limites desta tecnologia e ficámos impressionados. O produto resultante apresentou propriedades de resistência excepcionais e deixou-nos bastante triunfantes sobre a nossa pequena experimentação com pó de Al-Si e uma poderosa prensa hidráulica. (Q. Xu et al 2018, e Saboori, A. 2017).

5.6. Sinterização das amostras

Ao utilizar a metalurgia do pó, a mistura em estado sólido da matriz e dos materiais de reforço elimina a necessidade de sinterização para garantir o contacto íntimo entre as partículas e promover a ligação por difusão a nível atómico. Como resultado, o produto final apresenta propriedades mecânicas melhoradas, incluindo maior resistência, dureza e resistência ao desgaste. De acordo com Kyung Ho Min et al. 2005, a temperatura de sinterização é o principal parâmetro de regulação. Um fator chave é a escolha da temperatura de sinterização.

Para investigar o impacto do tamanho das partículas de Al, da temperatura de sinterização e do tempo de sinterização em vários aspectos do material compósito, M. Rahimian et al., 2009 produziram compósitos Al-Al O_{23} utilizando a metalurgia do pó. A gama de temperaturas de sinterização situa-se entre 500 e 600 °C. O período de sinterização variou de

30 a 90 min. A densificação aumentou de 45 para 90 minutos. Além disso, foi demonstrado que as estruturas mais densas surgem a temperaturas de sinterização mais elevadas devido a taxas de difusão mais rápidas. Por conseguinte, selecionámos 550° C e 90 min. para as nossas experiências.

5.7 Microestrutura da superfície e ensaios de dureza

As amostras que completaram a sinterização foram preparadas para o ensaio de microscopia, onde o alisamento da superfície foi efectuado com papel SiC e três tipos, começando pelo número grosseiro 320. Na segunda etapa, substituímos por 500; a última é 1000, sendo a mais lisa na superfície. Realizámos o processo com fluxo normal de água para reduzir o atrito e como meio de arrefecimento.

O processo continuou com o polimento da superfície depois de esta ter sido alisada na fase anterior. Utilizou-se um pano fino e pasta de alumina com um tamanho de grão de 1 μm. A solução de exposição foi preparada para as superfícies metálicas e é considerada um meio de corrosão, onde se pretende evidenciar os limites cristalinos dos grãos que constituem os compósitos.

A solução preparada a partir de 5 mL de ácido nítrico e 3 mL de ácido clorídrico é adicionada a 190 mL de água destilada, colocada na superfície da amostra e depois lavada com água normal; assim, está pronta para o exame microscópico e para o teste de dureza.

Foi utilizado um microscópio ótico para examinar a estrutura da superfície das amostras sinterizadas em diferentes ampliações, como mostram as imagens da Figura 5.18.

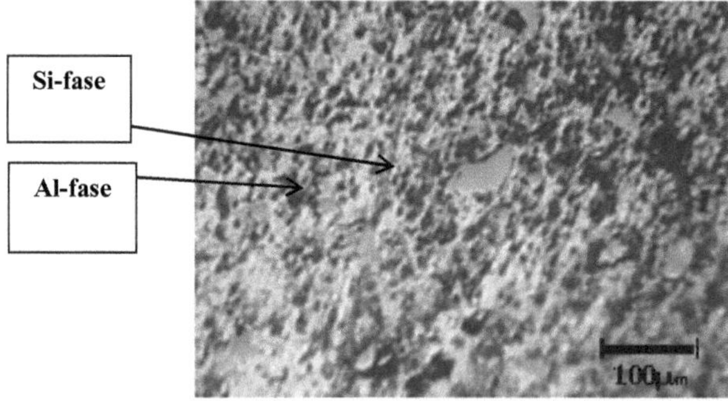

Figura 5.18 Microestrutura da liga sinterizada de Al-12 % Si

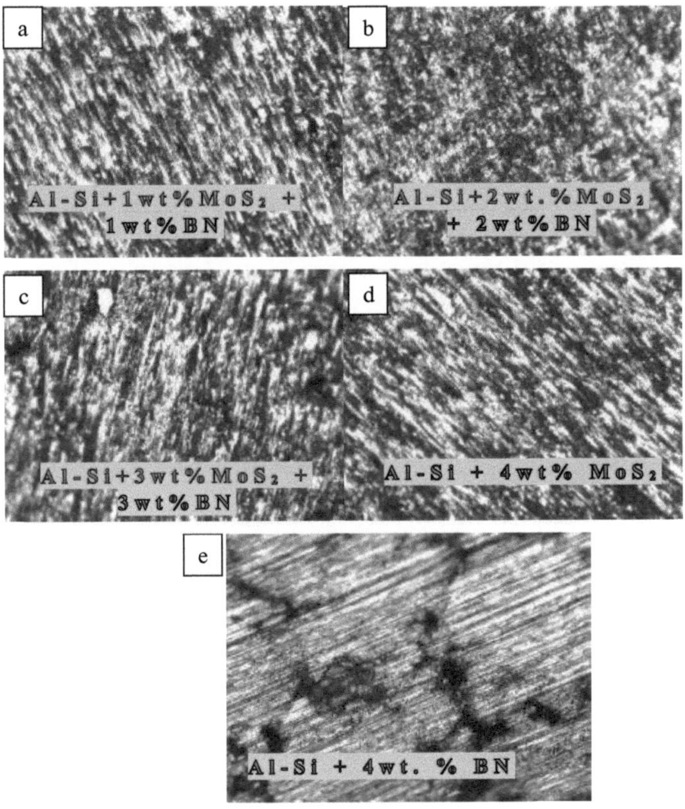

Figura 5.19. Imagens de microscópio ótico para nanocompósitos híbridos Al-Si após sinterização

As imagens acima, tiradas num microscópio de luz polarizada, mostram-nos claramente a composição do Al com o Si. As medidas dos grânulos estão ao nível do micrómetro. Noutras imagens, o nanómetro não pode ser visto pelo microscópio de luz após o processo de sinterização. Além disso, os nano grânulos adicionados à liga de base não aparecem, porquê? Houve um processo de aglutinação dos grânulos micrométricos com ela. Por isso, realizámos uma investigação antes do processo de prensagem e sinterização, para garantir uma boa mistura e o efeito da nano-adição combinada ou híbrida. Estes testes foram realizados na fase dos pós misturados e nas amostras resultantes, após o exame do desgaste por microscópio eletrónico, que vimos anteriormente e veremos mais adiante.

A dureza tem resultados significativos nas especificações do compósito do produto, tal como para o tipo de exame utilizando qualquer dispositivo; depende do tipo de material a partir do qual o produto é preparado e do método de fabrico.

No que diz respeito ao método de fabrico e aos materiais na forma nano, que representam o caso do nosso projeto, o método da tecnologia do pó e para o fabrico de amostras aceitáveis teve de verificar a microdureza, tendo sido escolhida a escala de Vickers.

Foram efectuados vários exames para uma amostra, alguns deles 3 leituras, e por vezes 5 leituras repetidas, tomando diferentes locais na superfície, e uma média das medições para os diâmetros observados foi retirada do traço. Uma das variáveis que afectam o ensaio de dureza é a carga aplicada, que foi selecionada como 1,9 Newton e um tempo de carga de 15 s. E na Tabela 5.2 mostra-nos as leituras obtidas da primeira liga de Al-Si e, com ela, as ligas nanocompósitas MMNCs.

Tabela 5.2 Resultados de dureza das amostras.

Não.	Amostra	HV (kg/mm)^2
1	Liga de base (Al-12 %Si em peso)	87
2	Base + 2 wt. % (MoS_2 + BN)	112
3	Base + 4 wt. % (MoS_2 + BN)	124
4	Base + 6 wt. % (MoS_2 + BN)	134
5	Base +4 wt. % MoS_2	132
6	Base +4 wt. % BN	145

A Tabela 5.2 mostra as diferentes durezas, e nota-se um aumento significativo em relação ao material de base após a adição de nanopartículas híbridas em proporções de 2, 4 e 6 %. E também o aumento da dureza para uma adição de nanopartículas em comparação com a liga de base.

Todas as ligas com um ou dois tipos de nanopartículas adicionadas são designadas por MMNC. Quanto à liga de base de Al e Si, pode ser designada por compósito de matriz metálica (MMC) ou compósito de matriz de Al (AMC).

Verificámos que a dureza mais elevada foi obtida com a adição de apenas uma nanopartícula, cerca de 4 % de BN, o que é superior à dureza obtida com duas adições ou mesmo apenas com a adição de MoS_2 . Este resultado pode ser bom nalguns aspectos e mau noutros, como se verá mais tarde, e o seu efeito na microestrutura dos MMNCs.

Emanuela et al. 2021 descobriram que a dureza das ligas de Al variava entre 115-132 medições de dureza Vickers. A dureza é afetada por vários factores, incluindo a densidade da amostra, o método de fabrico e a temperatura.

O Al, como é conhecido, pode ser tratado termicamente, e produz diferentes fases de dureza para nós, de acordo com a microestrutura. Uma vez que fabricámos a liga Al-Si através da tecnologia de pós, cada fase do trabalho afecta a dureza resultante da microestrutura final. A primeira fase é o processo de mistura mecânica dos pós, e os factores que influenciam são: o tempo do moinho de bolas, o número de bolas utilizadas, os materiais e as condições ambientais. Na segunda fase, a compressão, os factores que influenciam são: temperatura e condições ambientais, valor da pressão aplicada e tipo de molde utilizado. A terceira e última fase é a sinterização: é também uma fase de regulação, sendo a mais importante o controlo da temperatura, isolando a amostra do ambiente exterior e protegendo-a da reação do oxigénio.

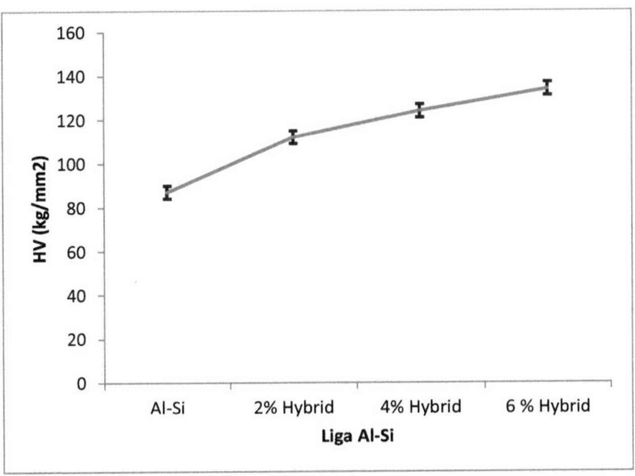

Figura 5.20. Efeito da adição híbrida de nanopós (MoS_2 + BN) em % em peso na dureza.

A partir de Bhandari, P. (2023), utilizámos a fórmula do desvio-padrão para estimar as variabilidades das amostras;

$$S = \frac{\sqrt{\sum(X-\check{x})^2}}{n-1} \qquad (5.1)$$

S: desvio padrão, n: número de amostras, $\sum$: soma de...,X: cada valor, $\check{x}$: média da amostra.

A Figura 5.20 representa a relação entre a dureza e a sua variação com a percentagem de adição das nanopartículas híbridas MoS_2 + BN. A partir do diagrama da Figura 5.20, notamos um aumento da dureza com o aumento das nanopartículas híbridas, sendo que a dureza foi a maior em cerca de 6 %. Este efeito foi evidente a partir da primeira nano-co-adição de 2%, que é maior do que a da liga Al-Si. E o aumento médio entre alto e baixo é de 4% como uma adição de nanopartículas híbridas de MoS_2 + BN. Os resultados de dureza e desvio padrão são semelhantes aos de (J. Kuma, et al., 2020). A produção de MMNCs pelo método de pó e mistura mecânica melhorou significativamente a dureza, o que reflecte o sucesso do produto e reflectirá significativamente a tolerância à resistência ao desgaste. Assim, a dureza tem uma indicação significativa dos valores das propriedades mecânicas e das especificações, uma vez que, em investigações anteriores, tinha dado uma alteração inversa na relação entre a dureza e a resistência ao desgaste.

5.8. Medições de densidade e porosidade

Os nossos exames físicos basearam-se no princípio de Arquimedes para corpos flutuantes e deslocação de líquidos. De acordo com a American Society for Testing and Materials ASTM D792, a densidade e a porosidade das amostras produzidas por tecnologia de pó foram calculadas após a conclusão da sinterização.

Existem duas equações utilizadas anteriormente por (A. F. Hussien, 2010) e também por (M. J. Fouad, 2014) nas suas investigações após a preparação de nanocompósitos, como explicaremos de seguida:

Para determinar a densidade, o peso é determinado enquanto a amostra está em estado suspenso no ar e, em seguida, mergulhamo-la em estado suspenso no líquido. Fazemos também a segunda leitura do peso. Aplicamos os resultados às equações mencionadas no capítulo 4, acrescentando o valor da densidade do líquido utilizado, que é o etanol; primeiro encontramos a densidade de cada amostra que foi pesada duas vezes e depois calculamos a percentagem das lacunas dentro da estrutura composta. Os testes foram efectuados a 20 °C, e a densidade do etanol foi consistentemente de 0,7893 g/cm.^{3}

Os resultados da medição da densidade e da porosidade das amostras (Al-12Si) e (MMNCs) sinterizadas a 550^0 C durante 180 min são apresentados na Tabela 5.3.

Tabela 5.3 Cálculos de densidade e porosidade para a liga de Al-Si-nanocompósito

Amostra	Conteúdo de reforço % em peso	Densidade g/cm^3	Porosidade%
Al-12 wt. % Si (liga de base)	0	2.580	12. 60
Base+2% (MoS$_2$ +BN)	2 wt.% (MoS$_2$ +BN)	2.601	9.88
Base+4 % (MoS$_2$ +BN)	4 wt.% (MoS$_2$ + BN)	2.648	9.75
Base+6% (MoS$_2$ +BN)	6 wt.% (MoS$_2$ + BN)	2.781	8.65
Base + 4 % MoS$_2$	4 wt.% MoS$_2$	2.712	9.50
Base + 4 % BN	4 wt.% BN	2.611	9.70

A Tabela 5.3 mostra que, quando se adicionam nanopartículas híbridas MoS$_2$ + BN ao compósito básico Al-Si, o rácio de porosidade diminui, ou seja, as lacunas no interior da nova estrutura, e a densidade aumenta, tendo uma relação direta com o aumento das nanopartículas adicionadas.

Observando os cálculos da tabela para as leituras de porosidade, verificou-se que todos os valores resultantes são inferiores a 1 %, o que é uma boa indicação de que o produto é coeso pela estrutura estrutural e que o processo de prensagem e sinterização é bem sucedido. Através de experiências, se reduzíssemos a pressão utilizada no processo de prensagem, não teríamos obtido amostras com as especificações necessárias de dureza e densidade, afectando assim os valores das taxas de resistência ao desgaste. Pode consultar os resultados de outros investigadores Francis et al., 2012 para comparar os seus resultados.

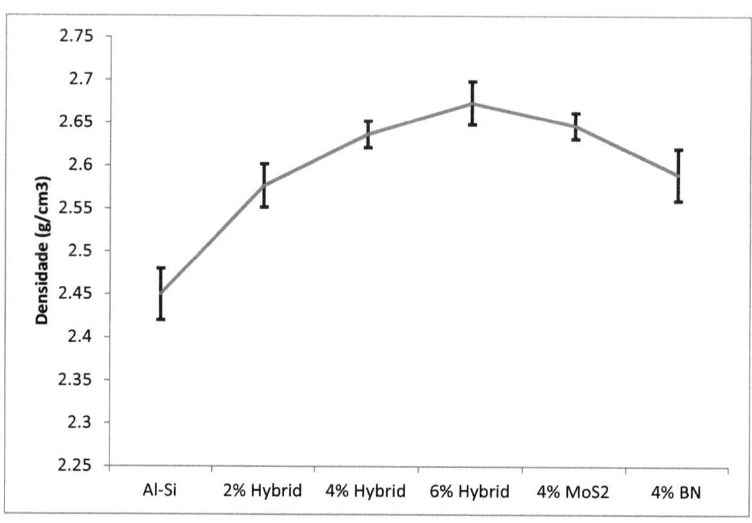

Figura 5.21. Densidade das ligas Al-Si após sinterização.

Verifica-se que os melhores resultados são obtidos a partir de amostras de nanocompósitos híbridos de (Al-12 %Si) + 6 wt. % (MoS$_2$ + BN) após sinterização; a percentagem média de fricção de porosidade é de 0,0865. Existe uma relação inversa entre a densidade e a porosidade, porque quanto maior for a porosidade, menor será a densidade e vice-versa; os resultados são melhores para que o nosso produto esteja livre de defeitos com a menor percentagem de lacunas. Além disso, o aumento da dureza está relacionado com menos lacunas e um aumento da densidade, pelo que a relação é direta entre densidade e dureza e inversa com a porosidade. Assim, o esforço possível no lado prático do fabrico de qualquer amostra com baixa porosidade é o mais próximo de um valor mais elevado de resistência ao desgaste. É possível observar os resultados após a realização de um ensaio de densidade para as amostras, aplicando a teoria de Arquimedes, e surgiu uma densidade semelhante para as ligas de Al, que é de 2,7 g/cm .[3]

Uma pequena percentagem de desvio apareceu nas densidades e a sua convergência nos casos de nano-adições. Isto é consistente com a ausência de lacunas e devido à pressão utilizada durante o processo de fabrico por prensagem a frio e à utilização do método de sinterização a quente a 550º C. A temperatura, a pressão de prensagem e a proteção adequada contra a entrada de oxigénio durante a sinterização são os factores que afectam a densidade e a porosidade. Após experiências com a compressão de pós mistos, atingimos os valores de pressão mais elevados para garantir o sucesso do processo de compressão da amostra, que foi de cerca de 7 toneladas. Quanto ao sistema de proteção, durante a sinterização a altas temperaturas, realizámos um processo de vácuo através de uma bomba de vácuo e, em seguida, foi bombeado gás árgon antes do início do aquecimento, tudo para garantir a obtenção de um produto com o mínimo de defeitos estruturais. A partir de estudos anteriores, podemos discutir os seus resultados desta forma (E. A. Majeed 2006).

5.9 Taxa de desgaste

A caraterização mais importante na nossa investigação é o efeito da adição de nanopartículas à liga Al-Si na taxa de resistência ao desgaste. Uma vez que a liga principal foi produzida por tecnologia de pó e com uma taxa de adição de 12% de Si, ou seja, com uma estrutura de fase eutéctica, este compósito é altamente resistente ao desgaste e, por conseguinte, utilizado no fabrico de motores. No nosso estudo atual, foram introduzidos melhoramentos e inovações na ideia de auto-lubrificação dentro da mesma composição de liga para prolongar a vida útil através da resistência à fricção e reduzir a poluição através da utilização de óleos convencionais. Foram efectuadas várias análises de ligas fabricadas apenas a partir dos grãos do micro-pó de Al-Si e de ligas nanocompósitas com adição de nanopartículas. A taxa de desgaste foi calculada utilizando o método de perda de peso após o procedimento de fricção, o peso aplicado foi fixado e a alteração no tempo de ensaio foi adoptada. Os resultados de cada amostra foram representados por uma curva para compará-los entre si e foram discutidos para concluir o melhor. O ensaio aplicado pelo instrumento abrasivo é mostrado na Figura 5.22 com uma carga fixa de 2,5 N e distância de deslizamento igual a 20 m.

Figura 5.22. O dispositivo de ensaio de abrasivos

5.9.1 Utilização durante diferentes períodos

Este ensaio foi aplicado a amostras sinterizadas com várias adições de nano híbridos de 2, 4 e 6 % em peso. Foi representada a relação entre o tempo de ensaio no eixo X e a taxa de desgaste no eixo Y.

A curva da liga Al-Si apresentou a taxa de desgaste mais elevada, tendo-se registado uma diminuição das taxas com a adição de pós nano-híbridos. A Figura 5.23 também mostra a curva de desgaste da liga Al-Si (Al-12 % Si) e dos nanocompósitos híbridos com 2, 4 e 6 wt % (MoS$_2$ +BN) sob carga constante (2,5 N).

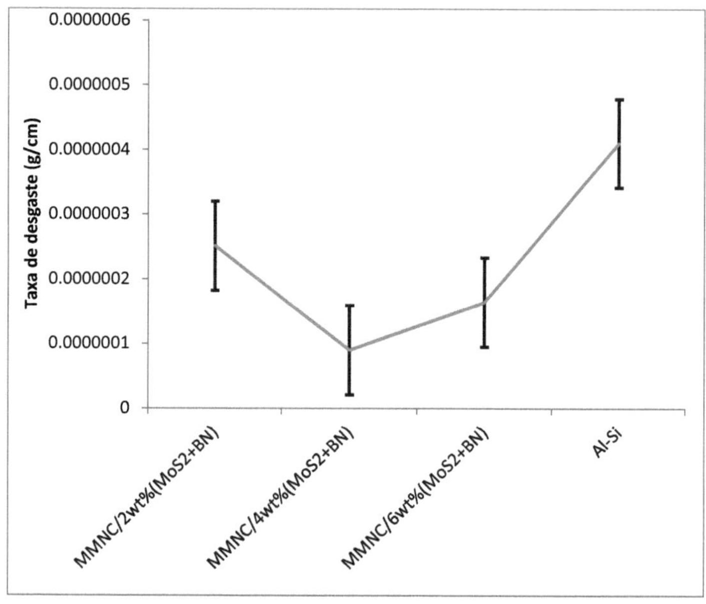

Figura 5.23. A relação entre o tempo de ensaio e a taxa de desgaste.

A Figura 5.23 ilustra a relação entre o tempo de atrito seco e o desgaste de várias ligas fabricadas por tecnologia de pó. A carga constante foi superior a 2,5 N porque a ela foi adicionado o peso do braço em que a amostra foi instalada. Com o aumento do tempo de ensaio, verifica-se um aumento do desgaste de todas as amostras, sabendo que a carga é constante, como referido anteriormente, mas a perda de peso é menor para o híbrido nanocompósito, o que significa uma maior resistência ao desgaste.

Através da comparação das curvas resultantes na figura acima, verificou-se que 4 % das partículas nano-híbridas adicionadas tiveram um efeito melhor do que as outras ligas nanocompósitas. O reforço da estrutura como um todo conduz a uma melhoria da resistência ao desgaste, o que significa que confere auto-lubrificação ao composto, reduzindo o efeito da fricção, e, assim, reduz as perdas resultantes e a alteração das dimensões durante as condições de trabalho contra superfícies rugosas, quando a fricção é seca e a temperaturas elevadas.

5.9.2 Utilizar diferentes pesos de ensaio de adição híbrida e tempo fixo

O efeito da adição de nanopartículas híbridas de (MoS_2 + BN) à liga de base é mostrado na Figura 5.24 como a taxa de desgaste das amostras de MMNCs a uma carga específica (2,5 N) e um tempo de fricção de (15 min).

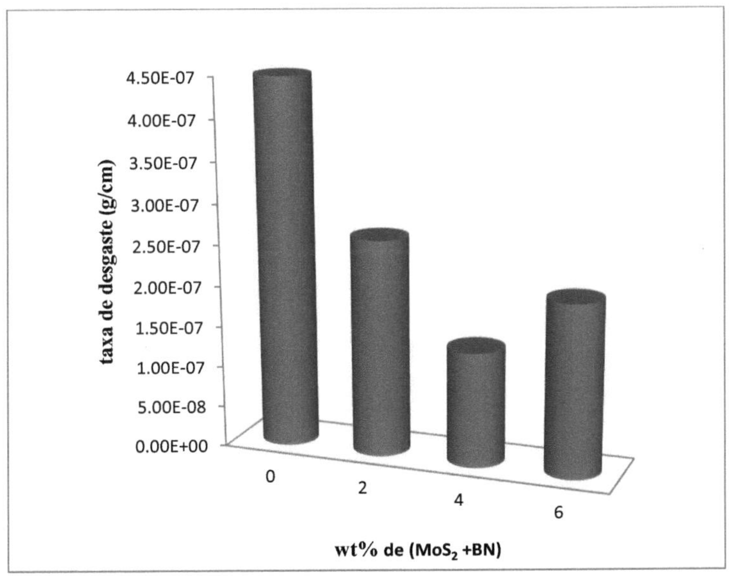

Figura 5.24. Efeito da adição de nanopós híbridos (MoS +BN_2) na taxa de desgaste das amostras de MMNCs híbridas sob carga aplicada (2,5 N) e tempo de deslizamento constante (15 min).

O efeito da co-adição é evidente através da redução do atrito, o que significa que as nanopartículas actuam como auto-lubrificantes e melhoram a microestrutura do nanocompósito fabricado. As amostras às quais foram adicionadas nanopartículas registaram uma menor perda de peso, o que conduziu a uma taxa de desgaste inferior à da liga de base. (MoS_2 +BN) adicionados ao compósito de matriz Al-Si a cargas aplicadas de 2,5 N, como se mostra na Figura

5.24, mas a perda de peso na liga com 6 % em peso de adição híbrida de nanopartículas pode dever-se ao aumento da fragilidade de toda a estrutura.

5.9.3 Efeito das nanopartículas como adição única na taxa de desgaste

A partir da Figura 5.25, chamamos triplo 4 %, como a relação entre as razões de adição de apenas 4 % para uma adição de BN ou MoS_2 e uma co-adição com o compósito de base.

Como esperado, verificou-se na prática que o aumento do tempo de fricção conduz a uma diminuição contínua do peso para todos os materiais. No entanto, através das novas nanoligas, o efeito das nanopartículas com propriedades auto-lubrificantes demonstrou uma melhoria na resistência à fricção.

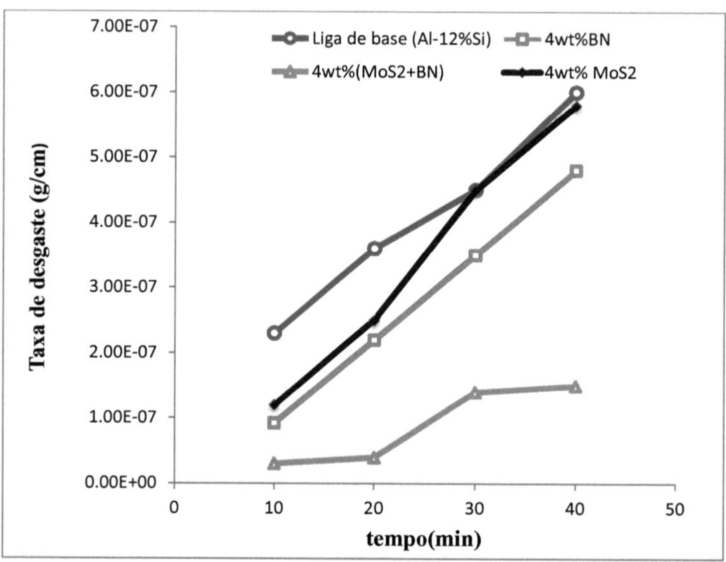

Figura 5.25. A relação entre a taxa de desgaste e o tempo para 4 % de adições.

A adição combinada de 4 % deu os melhores resultados para a auto-lubrificação com maior resistência à fricção e menor perda de peso. Comparemos as figuras anteriores (5.23 e 5.24) com o aumento da percentagem de 6 %, que se afasta do que é necessário e não consegue resistir à fricção e desempenhar a função de lubrificação. Veremos que 4 % é equilibrado e moderado e dá uma composição que realiza as propriedades funcionais de auto-lubrificação e homogeneidade da distribuição dos grãos. O BN conferiu o reforço da estrutura e uma dureza evidente, e a proporção de 2% de BN com 2% de MoS_2 teve uma mistura homogénea sem aglomeração que pode levar a resultados indesejáveis.

A sobreposição entre a liga de base e a adição de 4 % de BN pode ser observada. Um aumento na taxa de desgaste ocorreu como se não houvesse adição ou nenhum efeito sobre a resistência ao desgaste como a liga de base.

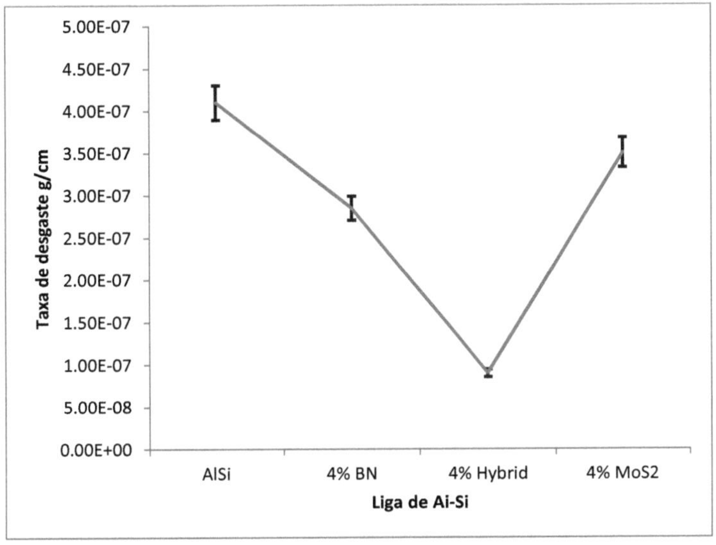

Figura 5.26. A taxa de desgaste média para Al-Si com 4 % de adição.

A taxa de desgaste média para a adição de um MoS_2 é de apenas 4%, o que é um pouco aceitável, mas não melhor do que a adição híbrida de nanocompósitos.

5.10 Estudo de superfícies desgastadas por SEM

O tipo de desgaste foi estudado por MEV, a imagem das superfícies após o procedimento de fricção para identificar a topografia resultante e analisar o tipo de fratura que indica a natureza da fricção que ocorre e qual é o efeito dos aditivos ou do método de fabrico para o método de exame. Uma amostra pode produzir diferentes mecanismos de desgaste, incluindo o tipo de adesivo ou abrasivo, que pode diferir de acordo com a composição, se é frágil ou dúctil. As imagens SEM mostram os efeitos do pó resultante da fricção, uma vez que os diferentes tamanhos os quebram a partir de um elemento ou de um composto, e que por vezes se apresentam sob a forma de grumos ou de fracções simples.

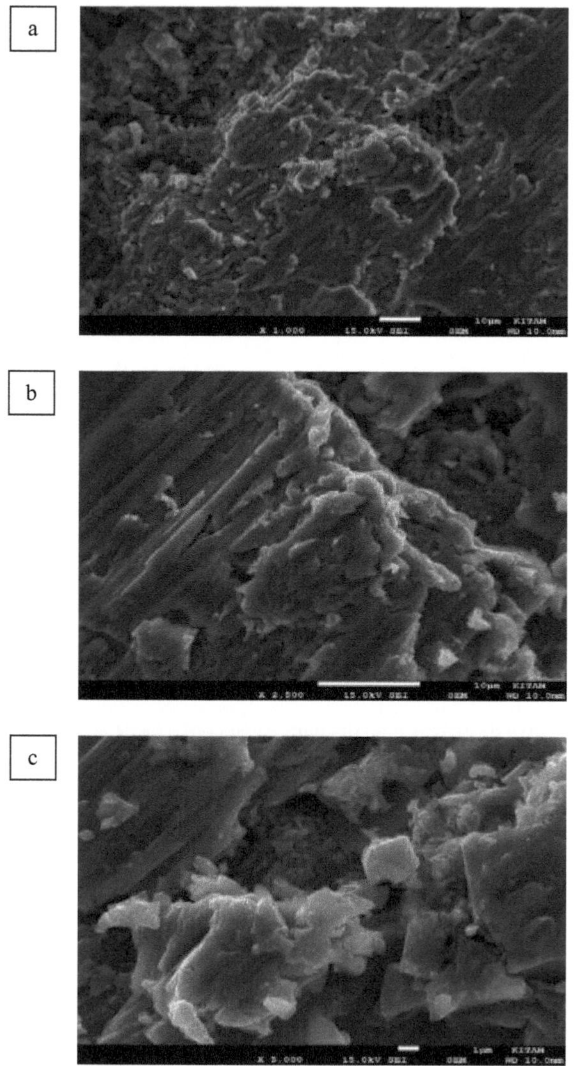

Figura 5.27. As superfícies da liga básica após o processo de fricção; a) a 1 kX, b) a 2,5 kX, e c) a 5 kX de ampliação.

A Figura 5.27 a, b, c mostra o tipo de desgaste da liga básica de Al-Si sem aditivos, em que a deformação plástica e a adesão entre as partículas resultam do atrito com a superfície oposta da amostra. Os fragmentos quebram-se numa forma alongada e formam grandes grumos, o que leva a uma elevada perda de peso da amostra durante o ensaio de fricção. A Figura 5.27-

c mostra a micrografia SEM da superfície desgastada e dos detritos, que revela algumas caraterísticas do mecanismo de delaminação e fissuras.

Figura 5.28. Imagens SEM da superfície após o desgaste do nanocompósito híbrido de 2 wt. % (MoS_2 + BN); a) com ampliação de 1 kX, b) com ampliação de 5 kX.

A Figura 5.28 mostra o efeito de nanopós 2 wt. % (MoS_2 + BN) que a liga tem propriedades reforçadas e auto-lubrificantes. O resultado foi tangível a partir das imagens das superfícies tiradas pelo SEM das peças que foram sujeitas a fricção. As nanopartículas actuaram como um lubrificante, protegendo as superfícies opostas quando expostas ao movimento e reduzindo o efeito da carga externa. Comparemos as imagens anteriores do material de base sem adição de nanopartículas. Notamos uma mudança significativa e aparente no desgaste formado na topografia da forma da superfície e nas trajectórias de exposição. Além disso, os detritos resultantes tornaram-se mais macios e transformaram-se numa fratura próxima da frágil, sem aglomeração. Não se regista uma perda de peso significativa como na liga de base.

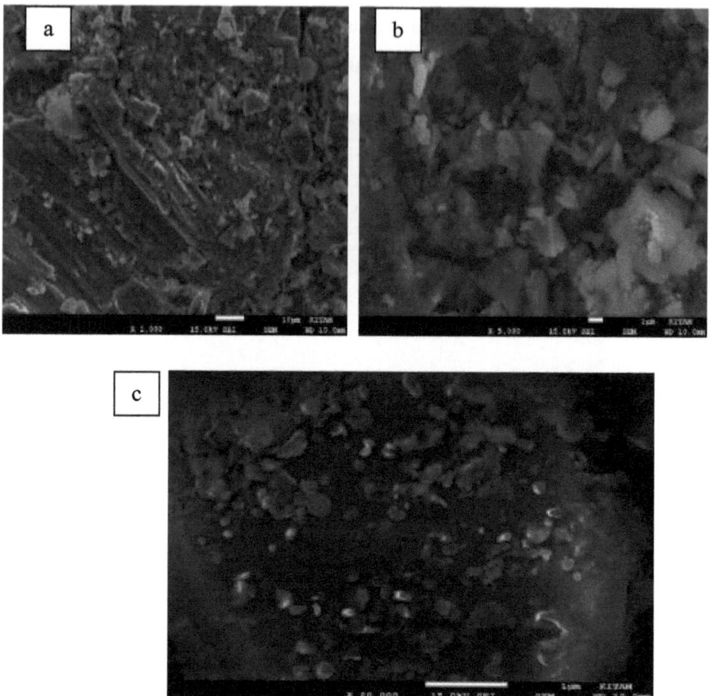

Figura 5.29. Imagem SEM da superfície do nanocompósito com 4 % de co-adição após fricção; a) a 1 kX, b) a 5 kX, e c) a 20 kX de ampliação.

Na Figura 5.29, observa-se que a finura dos grãos remanescentes na superfície da amostra que foi submetida à força de atrito é uma diferença clara e uma melhoria na estrutura da liga de base.

Como referimos anteriormente, as imagens de mistura desta liga mostraram suavidade e homogeneidade entre os diferentes pós, e esta última conduziu a resultados positivos na melhoria dos resultados de desgaste e do tipo de fratura com deformações resultantes da fricção. A pequena perda de peso durante a fricção foi evidente pela estrutura microscópica que apareceu no exame SEM, coesão e ligação com a estrutura, sem aglomeração, e se fissurasse, cairia num pó fino. Isto leva a uma pequena perda de dimensões se for exposto a condições de trabalho difíceis, como o calor ou a força.

A partir da Figura 5.29-c, podem aparecer fissuras finas na superfície deformada, mas alguns grãos impedem a continuação da fissura ou a falha do espécime desenvolve-se. Através do exame da superfície, verificou-se que existe uma sobreposição de dois tipos de desgaste na superfície entre alguma fragilidade e ligação dúctil, o que impede o efeito da fricção e cria uma camada protetora na superfície. Assim, o efeito auto-lubrificante de uma co-adição com o maior efeito possível é a adição de um nano-híbrido em 4%, e a função de reforço do nanocompósito é-lhe adicionada de forma aceitável.

Figura 5.30. Imagem SEM da superfície do nanocompósito de adição híbrida de 6 % (MoS$_2$ + BN) com ampliação de 2 kX.

A imagem na Figura 5.30 mostra a superfície quebrada devido à fragilidade da estrutura que continha 3 wt. % de MoS$_2$ e 3 wt. % de BN. 6 % de MoS$_2$ + BN mostrou o mecanismo de desgaste desta amostra sob a forma de desintegração do pó e fissuração frágil. Observamos que a superfície está cheia de detritos de grãos dispersos e desconectados; a quantidade de mistura pode ser mais do que o limite necessário para acomodar a sobreposição e homogeneidade dos grãos entre eles. O aumento da proporção de BN na forma nano teve um efeito negativo na estrutura; esta amostra só resistiu à fricção durante um curto período de tempo. A falha ocorreu num curto período de tempo, e a fratura óbvia foi frágil; pedaços grandes desvaneceram-se e outros pedaços grandes separaram-se. Na pior nano-co-adição, a percentagem adicional não deve atingir este limite, que é de 6 %, pelo que não encontrámos o efeito de redução da fricção com os grânulos auto-lubrificantes. Os grumos que apareceram na mistura do pó e o baixo valor da taxa de desgaste foram confirmados por imagens SEM com a falha desta liga.

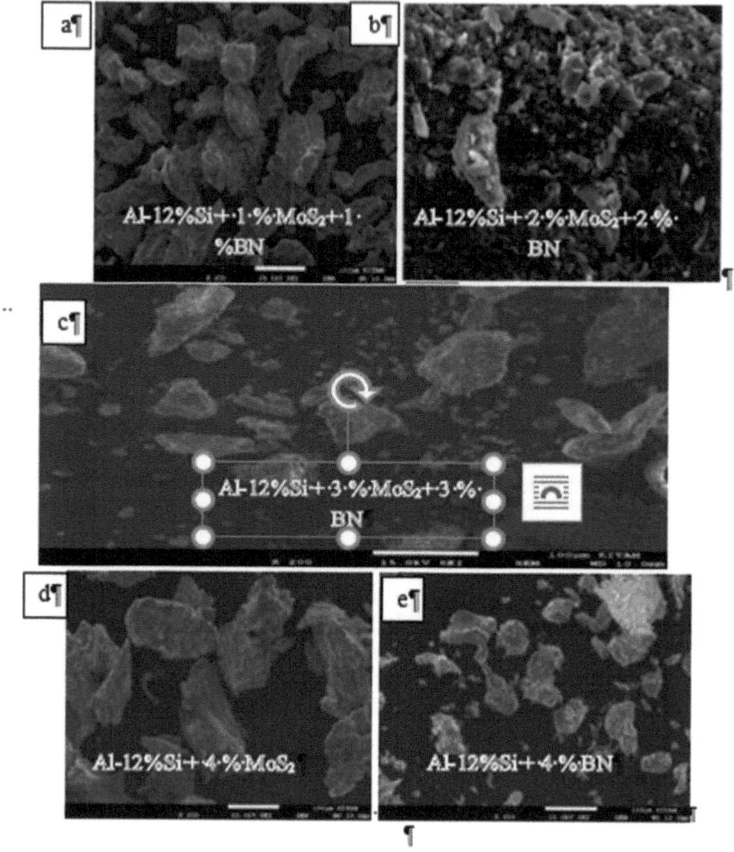

Figura 5.31. SEM dos resíduos de desgaste do nanocompósito híbrido de Al-Si e nanopartículas
(MoS₂ + BN)

Os resíduos de desgaste do nanocompósito são apresentados na Figura 5.31. Como resultado das imagens SEM pós-desgaste, mostra-se que as partículas resultantes não excedem 100 µm.

Podemos observar na imagem da Figura 5.31. a a rugosidade dos resíduos de fratura resulta do processo de desgaste. 1 % de uma nanopartícula com a adição de um segundo nanomaterial na mesma proporção pode não ter qualquer efeito na suavização da microestrutura da liga de base.

A partir da segunda imagem, Figura 5.31.b, nota-se uma homogeneidade algo aceitável na estrutura dos grânulos e falta de aglomeração. Até agora, e como resultado dos vários testes, esta amostra é a melhor nos testes, com maior vida útil, devido à sua dureza, homogeneidade na estrutura cristalina e finura da microestrutura afetada pela adição de nanopartículas híbridas.

A terceira imagem, Figura 5.31.c, representa o resultado da análise da amostra restante que não resistiu muito durante o ensaio de desgaste. As nanopartículas de co-adição ou híbridas têm um efeito de suavização em algumas partes, mas aglomeram-se em muitas partes, e esta é a razão da fratura frágil da superfície da amostra durante o ensaio.

Verifica-se que o aumento dos rácios em adição às nanopartículas híbridas não nos favorece. É por isso que não recomendamos um aumento de mais de quatro por cento devido ao fracasso da amostra que continha 6 % da nano-co-adição de BN e MoS_2 . A comparação com as imagens da Figura 5.31 d e e mostra o seguinte: a imagem da Figura 5.31.d mostra uma adição de MoS_2 e mostra uma espécie de homogeneidade e pequenos grãos, em comparação com a imagem e) que mostra grãos grandes ou uma aglomeração clara. Por conseguinte, o aumento da percentagem de adição de uma nanopartícula BN pode ser prejudicial para a microestrutura, o que confirma que o aumento anterior de 3 % foi prejudicial e que ocorreu aglomeração quando se tratou de uma adição híbrida à terceira amostra. Não recomendamos a adição de mais de 3% de BN porque a microestrutura sofrerá fragilidade e aglomeração das partículas.

5.11. EDS dos nanocompósitos híbridos após o ensaio de desgaste

Pela importância da caraterização do ensaio de desgaste, o resíduo do ensaio de atrito, que é um pó de diferentes elementos, estes elementos fragmentados foram recolhidos da amostra ensaiada e do papel de ensaio de atrito. A análise dos elementos foi examinada por MEV, utilizando o recurso de espetroscopia por dispersão de energia (EDS). A partir das figuras abaixo, podemos ver a análise de EDS para cinco amostras de pós de detritos após o processo de desgaste obtido pelo teste abrasivo.

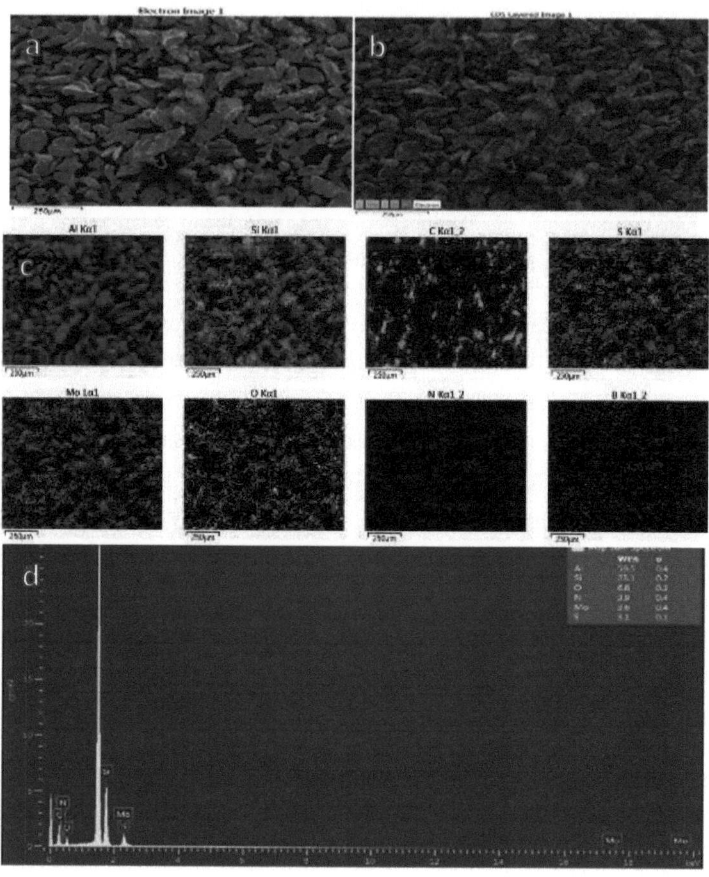

Figura 5.32. EDS da liga de base Al-Si + 1 % MoS$_2$ + 1 % BN. a) Imagem Al-Si-2 % MoS -BN$_2$, b) mapeamento c) todos os elementos, d) espetro de elementos

A Figura 5.32 mostra a análise dos resíduos de desgaste de Al-12 % Si e da nano adição híbrida de 2 % de MoS$_2$ + BN. O pico mais elevado e a percentagem de peso mais elevada parece ser o Al com 59,5 % em peso e a recolha da percentagem variante dos elementos Si foi de 23,1 % em peso, os outros elementos O, N, Mo e S também se encontram em pesos diferentes.

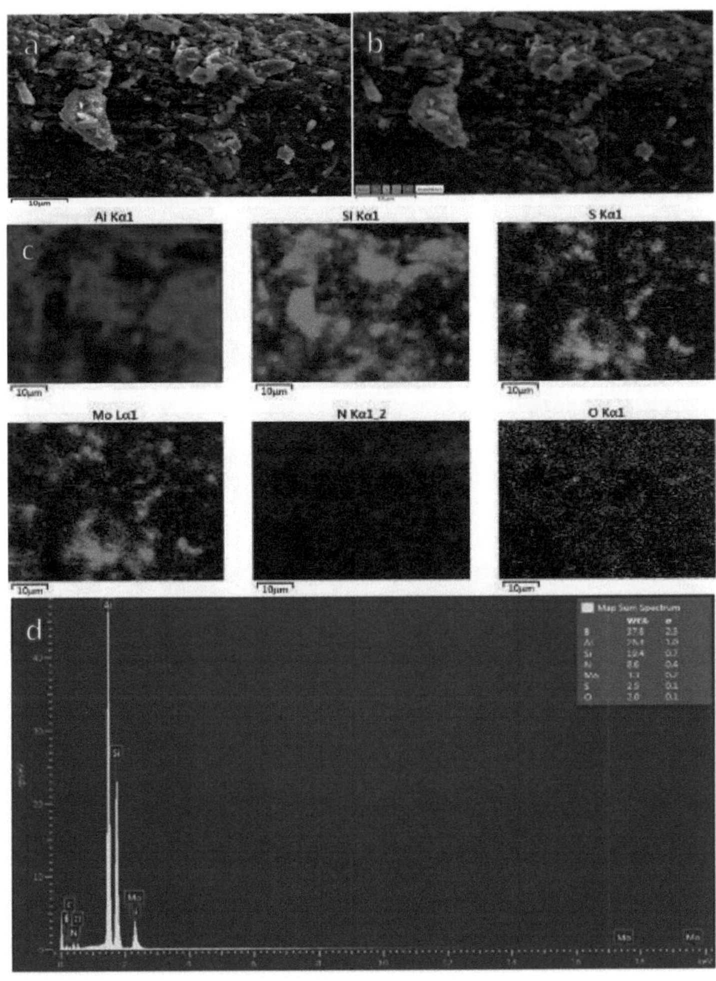

Figura 5.33. EDS da liga de base Al-Si + 2 % MoS₂ + 2 % BN. a) Imagem Al-Si-4 % MoS -
BN₂ , b) mapeamento c) todos os elementos, d) espetro de elementos.

A Figura 5.33 mostra a liga com adição híbrida de nano 4 wt. % MoS_2 + ensaio EDS BN para resíduos de desgaste. Mostra o pico mais elevado para o Al, mas a percentagem de peso mais elevada para o B atinge 37,8 wt. %, e para o Al, igual a 26,4 wt. %. O Si foi de 19,4 wt. %, N= 8,6, Mo= 3,3, S= 2,5, e alguns dos óxidos até 2 %.

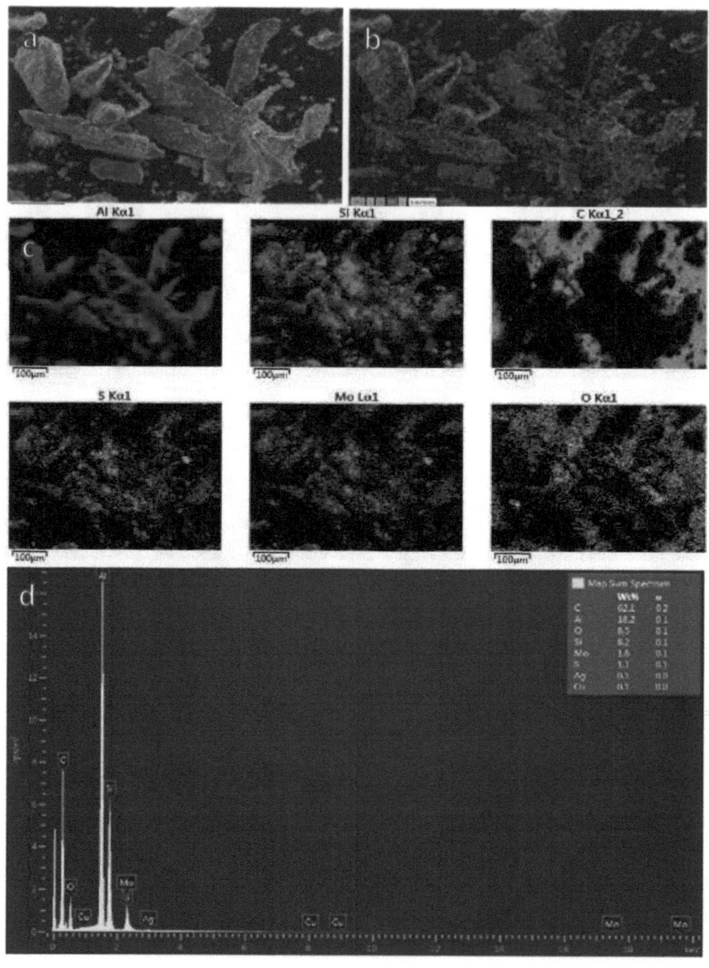

Figura 5.34. EDS da liga de base Al-Si + 3 % MoS₂ + 3 % BN. a) Imagem Al-Si-6 % MoS - BN₂ , b)mapeamento c) todos os elementos,d) espetro de elementos

A Figura 5.34 mostra-nos a caraterização por EDS da liga Al-Si com a adição de MoS₂ e BN na forma nano. A porcentagem em peso adicionada foi a maior, que é de 6 %, como adição híbrida de nanopartículas. Durante esta inspeção, o pó obtido do processo de desgaste foi recolhido após o processo de desgaste mecânico.

O resultado observado é que o pico mais alto, como esperado, é para o Al e depois para o Si, mas as percentagens em peso mostraram a presença de C com uma percentagem elevada de 62%. Devido à adição excessiva de nanopartículas, a estrutura cristalina sofreu de fragilidade e não conseguiu suportar as condições do ensaio. Como se pode ver nas imagens anteriores, a superfície sofreu fracturas frágeis, como é evidente nas imagens SEM. Verificou-se também que existia uma segunda razão, que são as impurezas que foram representadas por um exame EDS, como o C e algum O.

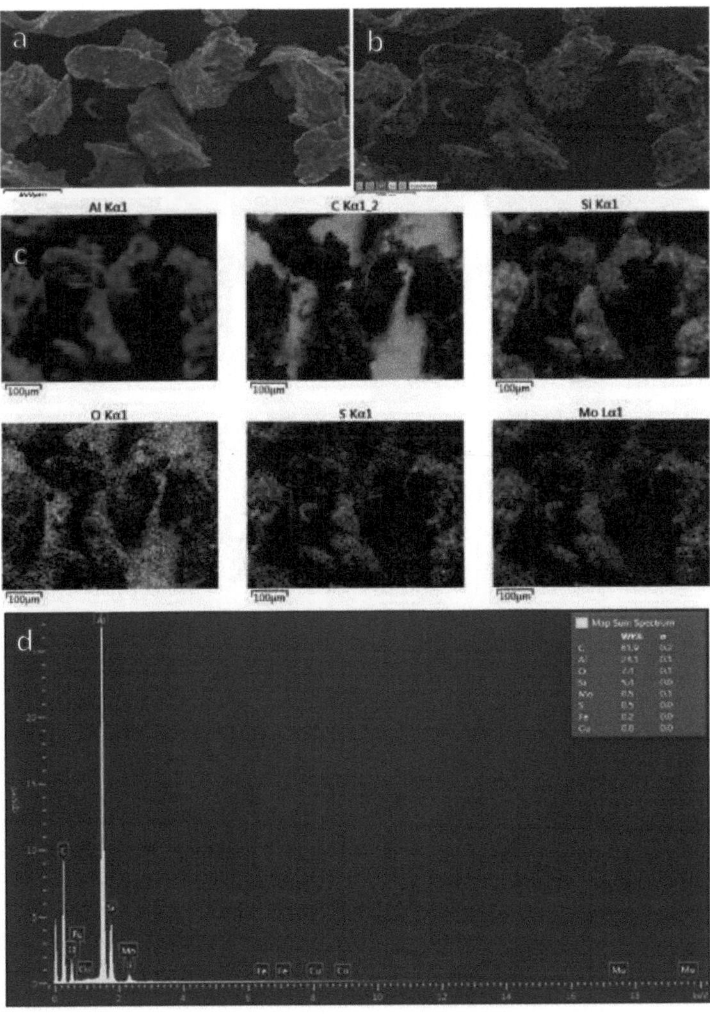

Figura 5.35. EDS da liga de base Al-Si + 4 % MoS$_2$ a) Imagem de Al-Si-4 % MoS$_2$, b) mapeamento c) todos os elementos,d) espetro de elementos

Da Figura 5.35 para o pó de Al-Si com a adição de apenas 4 % de MoS_2 . Chamámos-lhe pó porque foi revertido para pós de acordo com o componente que constituía os compósitos de nanopartículas e microgrânulos. Devido aos diferentes rácios de peso, o resultado pode ter de ser clarificado em parte da amostra de exame. O pico mais elevado foi o do Al, seguido do C, e este último apareceu com taxas de aumento até 62 %, seguido do Si. Os rácios de peso elevados de C de diferentes amostras podem estar presentes devido à fricção da superfície oposta à amostra de ensaio.

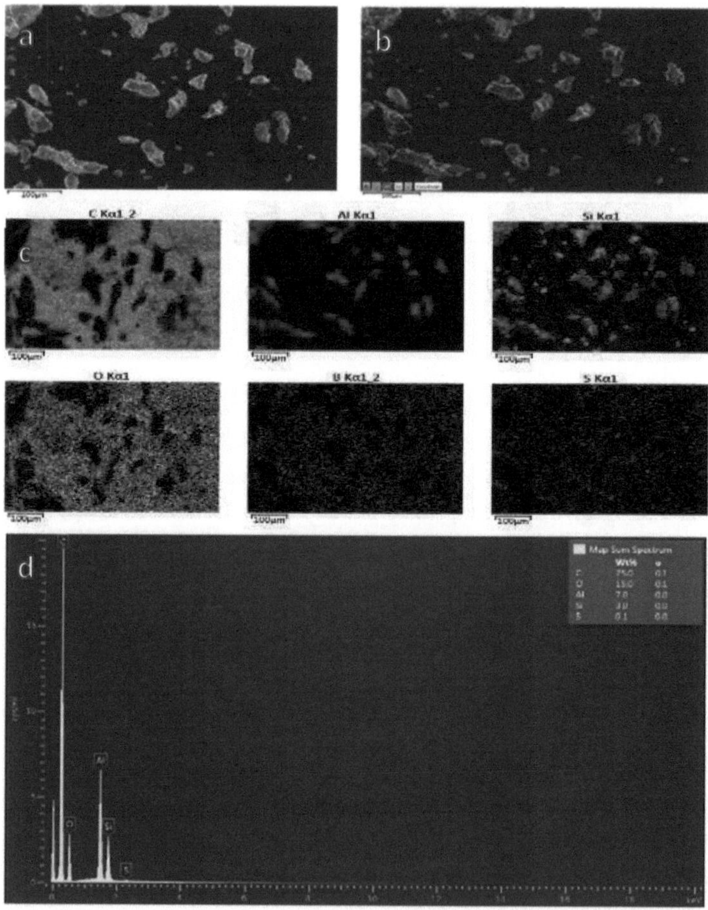

Figura 5.36. EDS da liga de base Al-Si + 4 % BN a) Imagem de Al-Si-4 % BN , b) mapeamento c) todos os elementos,d) espetro de elementos

A partir da Figura 5.36 para o pó de Al-Si com a adição de apenas 4 % de BN após o ensaio de desgaste. O resultado pode ser inesperado em parte da amostra de ensaio para aumentar as percentagens em peso do elemento Carbono (C). O pico mais elevado foi o C, seguido do Al e do Si. As percentagens em peso dos elementos são as seguintes: 75 para C, 15 para O, 7 para Al e 3 para Si, e a percentagem de B e N não apareceu nesta parte da amostra. As elevadas percentagens de O nas amostras podem dever-se ao processo de oxidação das superfícies examinadas. Durante as revisões de estudos anteriores, alguns trabalhos concordam com os resultados da nossa investigação e outros diferem devido às condições das experiências ou aos métodos de fabrico utilizados.

Em 2020, Gnanavelbabu e a sua equipa de investigação trabalharam em compósitos híbridos AA6061/B_4 C/h-BN para estudar o efeito da temperatura no desgaste e descobriram que as partículas de B_4 C e h-BN estavam distribuídas uniformemente na fase AA6061 (B_4 C + h-BN), mas havia uma ligeira aglomeração de grânulos de h-BN quando se utilizava 15% com o método de fundição. O efeito do B_4 C é importante, pois aumenta a dureza e a resistência à tração, mas o aumento do BN é contraproducente. Este último é considerado útil como um lubrificante sólido e tem um elevado valor na redução da fricção e da taxa de desgaste na adição híbrida, o que é consistente com o nosso trabalho na investigação atual.

Através de uma revisão de pesquisa por (Firestein et al. 2017), eles prepararam 12 amostras de ligas de Al com BN adicionadas na forma nano e no tipo micro para comparação entre elas. Os pós foram misturados por um método mecânico usando moinho de bolas, e depois sinterizados por sinterização por plasma de faísca SPS. Verificou-se que a mistura de micro-pós é melhor em termos de distribuição e homogeneidade da composição do que as nanopartículas de BN. A dureza dos nanocompósitos e dos microcompósitos é próxima e, a partir do EDS por SEM, encontraram percentagens elevadas de Al, de acordo com o que esperavam, mas também a presença de alguns átomos de O na mistura.

CONCLUSÃO

A partir da morfologia EDS e SEM utilizada, a análise dos elementos na liga de base Al-Si indicou a boa mistura no pó inteiro pelo processo de liga mecânica. A preparação do Al-12%Si por processo de metalurgia do pó dá-nos um bom resultado e evita os inconvenientes dos procedimentos de fabrico por fundição. A caraterização do pó de Al-12%Si e com um híbrido de nanopós de MoS_2 + BN por XRD, podemos ver os picos exactos para a liga de base porque o Al e o Si estavam em microescala e a outra adição em nanoescala.

As amostras perderam peso durante a fricção, e a perda de peso aumenta com o aumento do tempo, mesmo para o nanocompósito, mas o nanocompósito da adição híbrida tem um efeito na melhoria da estrutura, o que reduz a perda de peso devido ao processo de fricção. O nanocompósito auto-lubrificante de Al-Si reforçado com 4 % em peso de MoS_2 + BN apresenta a maior resistência ao desgaste. Foram também observadas boas propriedades de lubrificação de 4 % de h-BN e 4 % de MoS2.

`A adição de 6 % de nano híbridos de MoS_2 + BN tem a maior dureza, mas menor resistência ao atrito devido à fragilidade de toda a estrutura. Observámos isso a partir da fratura das amostras durante a prensagem a frio e através do ensaio de abrasão.

A incorporação de nanopartículas MoS_2 +h-BN como adição híbrida em Al-Si resultou num melhor desempenho para aplicações multifuncionais. A presença de MoS_2 +BN reduz a taxa de desgaste. Pelo efeito da auto-lubrificação, as adições de 2% e 4% de nanopartículas parecem ter um mecanismo híbrido de desgaste e tornam-se frágeis com 6% de adição híbrida.

Para trabalhos futuros, sugerimos a utilização de diferentes tipos de nano-adições à liga de base de Al-Si, como BNNT, TiO_2 , como nanotubos. Pode ser utilizado o processo Spark Plasma Sintering (SPS). Será registada uma patente e serão produzidas novas ligas para produzir peças móveis ou de suporte.

REFERÊNCIAS

A. Esawi, K. Morsi, A. Sayed, M. Taher e S. Lanka, (2011), "A influência da morfologia e do diâmetro dos nanotubos de carbono (CNT) no processamento e nas propriedades dos compósitos de alumínio reforçados com CNT", Composites: Part A, vol. 42, p. 234-243.

A. Knowles, X. Jiang, M. Galano e F. Audebert, (2014), "Microestrutura e propriedades mecânicas de compósitos à base de liga 6061 Al com nanopartículas de SiC", Journal of Alloys and Compounds, http://dx.doi.org/10.1016/j.jallcom.2014.01.134.

A. Meyers, A. Mishra, D. J. Benson, (2006). "Propriedades mecânicas de materiais nanocristalinos", Prog. Mater Sci., 51 (4), 427-556.

A.H. Bahrami, S. Sharafi, H. Ahmadian Baghbaderani (2013) "O efeito da adição de Si na microestrutura e nas propriedades magnéticas da Permalloy preparada pelo método de liga mecânica", Advanced Powder Technology, Vol. 24, pp. 235-241.

Aboki, E. 1, Jongur A. U e Onu J. I. (2013). "Produtividade e Eficiência Técnica da Produção Avícola Familiar na Área do Governo Local de Kurmi do Estado de Taraba, Nigéria". Journal of Agriculture and Sustainability Volume 4, Número 1, 52-66.

Ahmed F. Hussien, (2010) "Preparação de nanotubos de carbono", tese de mestrado, Departamento de Produção e Metalurgia Eng. Departamento de Produção e Metalurgia da Universidade de Tecnologia.

Arenal, R.; Lopez-Bezanilla, A. Materiais de nitreto de boro: Uma visão geral das estruturas 0D a 3D (nano). Wiley Interdiscip. Rev.Comput. Mol. Sci. 2015, 5, 299-309.

Ligas de alumínio-silício. Chave para os metais. Recuperado em 18 de abril de 2012.

ASM Metals Handbook, Friction, Lubrication, and Wear Technology Vol. 18, (1992).

ASM Metals Handbook, Materials Selection and Design Vol. 20, (1997).

Belsky, A., Hellenbrandt, M., Karen, V. L., e Luksch, P. (2002). "New developments in the inorganic crystal structure database (ICSD): accessibility in support of materials research and design," Ata Crystallogr. Sect. A. 58(3), 364-369.

Bhandari, P. (2023), Como calcular o desvio padrão (Guia) | Calculadora e exemplos. Scribbr.

Bruno, I., Gražulis, S., Helliwell, J. R., Kabekkodu, S. N., McMahon, B., e Westbrook, J. (2017). "Cristalografia e bases de dados", Data Sci. J. 16, 1-17.

C. Hofmeister, B. Yao, Y. Sohn, T. Delahanty, M. Van den Bergh e K. Cho, (2010), "Composition and structure of nitrogen-containing dispersoids in trimodal aluminum metal-matrix composites," Journal of Materials Science, vol. 45, pp. 4871-4876.

Callister, W.D.; Rethwisch, D.G., (2012). Fundamentos de Ciência e Engenharia de Materiais uma Abordagem Integrada, 3ª ed.; JohnWiley & Sons Inc.: Hoboken, NJ, EUA.

Cathleen Ruth Hutchins, "Consolidation of Copper and Aluminum Micro and Nanoparticles via Equal Channel Angular Extrusion", MSc. Tese, Texas A&M University, (2007).

Chen, Zhanqiang Liu, Qi Shen, (2018), "Melhorar o desempenho tribológico através da anodização de superfícies microtexturizadas com revestimentos nano MoS_2 preparados em ligas de alumínio-silício" Tribology International 122, 84-95.

Chhowalla, M.; Amaratunga, G. A. Nature (2000), Thin films of fullerene-like MoS_2 nanoparticles with ultra-low friction and wear, 407, 164-167.

D.G. Teer et al. (1997) As propriedades tribológicas do MoS_2 /revestimentos compostos de metal depositados por pulverização catódica de campo fechado Surf Coating Technol Vol 94-95, outubro, Pp 572-577.

E. D. Francis, N. Eswara Prasad, Ch.Ratnam, P.Sundara Kumar e V.Venkata Kumar, (2011), "Synthesis of Nano Alumina Reinforced Magnesium-Alloy Composites," International Journal of Advanced Science and Technology, Vol. 27, pp.35-44.

E. Rodrigues de Araujo, M. Sampaio de Souza, F. Filho, C. Gonzalez e O. De Araújo Filho, (2012), "Preparação de Compósitos de Ligas de Alumínio de Matriz Metálica Reforçados por Nitreto de Silício e Nitreto de Alumínio através de Técnicas de Metalurgia do Pó", Materials Science Forum, Vols. 727-728, pp. 259-262.

Elham A. Majeed, (2006), "Predictive Study for Optimum Sintering Parameters For Oxide Ceramics," Tese de doutoramento em Eng. Departamento de Engenharia de Produção e Metalurgia, Universidade de Tecnologia de Bagdade.

Emanuela Cerri, Emanuele Ghio e Giovanni Bolelli, 2021 "Defect-Correlated Vickers Microhardness of Al-Si-Mg Alloy Manufactured by Laser Powder Bed Fusion with Post-process Heat Treatments" JMEPEG.

Firestein, Kosty, Corthay, S., Steinman, A., Matveev, A., Kovalskii, A., Sukhorukova, I., Golberg, Dmitri, & Shtansky, Dmitry (2017) Compósitos de alta resistência à base de alumínio reforçados com partículas de BN,-AlB2-e-AlN fabricados através de sinterização reactiva por plasma de faísca de misturas de pó de Al-BN. Ciência e Engenharia de Materiais-A:-Materiais Estruturais:-681, pp. 1-9

Francis Uchenna Ozioko, (2012) "Síntese e estudo do efeito dos parâmetros nas caraterísticas de desgaste por deslizamento a seco de ligas Al-Si," Leonardo Electronic Journal of Practices and Technologies, Issue 20, janeiro-junho, pp. 39-48.

Gates-Retor e Blanton (2019), PDF: base de dados de caraterização de materiais de qualidade, Powder Diffr., Vol. 34, No. 4

Hélio Ribeiro, João Paulo C. Trigueiro, Wellington M. Silva, Cristiano F. Woellner, Peter S. Owuor, Alin Cristian Chipara, Magnovaldo C. Lopes, Chandra S. Tiwary, Jairo J. Pedrotti, Rodrigo Villegas Salvatierra, James M. Tour, Nitin Chopra, Ihab N. Odeh, Glaura G. Silva e Pulickel M. Ajayan, (2019), ACS Applied Materials & Interfaces, 11 (27), 24485-24492, DOI: 10.1021/acsami.7b09945.

J. Kuma, et al., (2020), Estudo comparativo sobre as propriedades mecânicas, tribológicas, morfológicas e estruturais de compósitos de matriz metálica híbrida Al-SiC-Cr processados por fundição em vórtice para aplicações de alta resistência ao desgaste: Fabricação e caracterizações, j m a t e r r e s t e c h n o l .;9(6):13607-13615.

J. Slonczewski e P. Weiss, (1958), "Band structure of graphite," Physical Review, vol. 109, pp.272-279.

J. Wang, Z. Li, G. Fan, H. Pan, Z. Chen e D. Zhang, (2012), "Reinforcement With Graphene Nanosheets In Aluminum Matrix Composites," Scripta Materialia, vol. 66, pp. 594-597.

J. Wei, Z. Li, e F. Han, (2002), "Thermal Mismatch Dislocations in Macroscopic Graphite Particle-Reinforced Metal Matrix Composites Studied by Internal Friction," physica status solidi (a), vol. 191, pp. 125-136.

Joanna R. Groza, Enrique J. Lavernia, James F. Shackelford e Michael T. Powers, (2007) "Materials Processing Handbook".

K. Kondoh, J. Umeda e R. Watanabe, (2009), "Cavitation resistance of powder metallurgy aluminum matrix composite with AlN dispersoids," Materials Science and Engineering A vol. 499, pp. 440-444.

K.B. Lee, S.H. Yoo, Y.H. Kim, C.W. Han, S.O. Won, J.P. Ahn, H.J. Choi, (2017) Uma via económica para produzir compósitos Al/AlN com baixo coeficiente de expansão térmica, J. Compos. Mater. 51, 2845e2851.

Kin Fai Mak, Changgu Lee, James Hone, Jie Shan, e Tony F. Heinz Phys. Rev. Lett. 105, 136805 - Publicado em 24 de setembro de 2010.

Kumar, N. Kumbhat, S. (2014). Nanomateriais à base de carbono. Essenciais em Nanociência e Nanotecnologia; John Wiley & Sons, Inc.: Hoboken, NJ, EUA, 2016; pp 189-236. doi:10.1002/9781119096122.ch5.

Kyung Ho Min et al. 2005, Sintering characteristic of Al O_{23} -reinforced 2xxx series Al composite powders, Journal of Alloys and Compounds, Vol 400, Issues 1-2, Pp 150-153.

L. Kollo, M. Leparoux, C. Bradbury, C. Jäggi, E. Carreno-Morelli, e M. Rodríguez- Arbaizar, (2010), "Investigation of planetary milling for Nano-silicon carbide reinforced aluminum metal matrix composites," Journal of Alloys and Compounds, vol. 489, pp. 394-400.

L. Liu, Z.B. Huang, Y.T. Peng, P. Huang, (2017), "Lubrificação melhorada e degradação fotocatalítica da parafina líquida por MoS tipo coral$_2$ ", New J. Chem. 41, 7674-7680.

M. Alobaidi, (2013) "Preparação e caraterização do desgaste de nanocompósitos híbridos de matriz de alumínio", MSc. Tese Universidade de Tecnologia-Bagdade.

M. Bastwros, G.-Y. Kim, C. Zhu, K. Zhang, S. Wang, X. Tang e X. Wang, (2014), "Efeito da moagem de bolas no compósito Al6061 reforçado com grafeno fabricado por sinterização semi-sólida", Composites: Part B, vol. 60, pp. 111-118.

M. Gulzar, H.H. Masjuki, M.A. Kalam, M. Varman, N.W.M. Zulkifli, R.A. Mufti, R. Zahid, J. Nanopart. Res., 2016, 18, 223.

M. Rashad, F. Pan, A. Tang e M. Asif, (2014), "Efeito da adição de nanoplaquetas de grafeno nas propriedades mecânicas do alumínio puro usando um método de semi-pó", Progress in Natural Science: Materials International, vol. 24, pp. 101-108.

Mehdi Rahimian, Naser Ehsani, Nader Parvin, Hamid reza Baharvandi, (2009), O efeito do tamanho das partículas, da temperatura de sinterização e do tempo de sinterização nas propriedades dos compósitos Al-Al O_{23} , fabricados por metalurgia do pó, Journal of Materials Processing Technology,Vol. 209, Iss. 14,Pp. 5387-5393, ISSN 0924-0136.

M. Tabandeh Khorshid, S. Jenabali Jahromi e M. Moshksar, (2010), "Mechanical properties of tri-modal Al matrix composites reinforced by nano- and submicron-sized Al2O3 particulates developed by wet attrition milling and hot extrusion", Materials and Design, vol. 31, pp. 3880-3884.

Meysam Tabandeh Khorshid University of Wisconsin-Milwaukee (2016), Nano-Compósitos de Matriz Metálica Nano-Cristalina Reforçados por Grafeno e Alumina: Efeito das Propriedades de Reforço e Concentração no Comportamento Mecânico.

M.E. Fayed, L. Otten, "Handbook of Powder Science and Technology", Van Nostrand Reinhold Company Inc., (1984).

Metin Sitti, Membro, IEEE, (2003) "Atomic Force Microscope Probe based Controlled Pushing for Nano-Tribological Characterization", IEEE/ASME Transactions On Mechatronics, Vol. 8, No. 3, Sept.,pp1-7.

Mohammed J. Fouad, Muna Abbass, (2014) "Wear Characterization of Hybrid Aluminum-Matrix Nanocomposites," LAP LAMBERT Academic Publishing.

Muna A., Mohammed J. Fouad (2014), Estudo do Comportamento de Desgaste de Nanocompósitos de Matriz de Liga de Alumínio Fabricados por Tecnologia de Pó. Eng. & Tech. Journal, IRAQ, Vol.32, Parte (A), No.7.

Muna K. Abbass e Mohammed J. Fouad (2015), Caracterização do desgaste de compósitos híbridos de matriz de alumínio reforçados com nanopartículas de Al2O3 e TiO2. Jornal de Ciência e Engenharia de Materiais B 5 NY- USA, (9-10) 361-371.

N. Saheb, A. Khalil, A. Hakeem, T. Laoui e N. Al-Aqeeli, (2012), "Nanocompósitos de Al6061 e Al2124 reforçados com nanotubos de carbono", em ECCM15-15TH European Conference on Composite Materials, Veneza, Itália.

Nguyen-Tri, P. Nguyen, T.A. Carriere, P. Ngo Xuan, C. (2018). Revestimentos Nanocompostos: Preparação, caraterização, propriedades e aplicações. Int. J. Corros, 4749501.

P. Wandrol, J. Matìjková, A. Rek, (2008), High-resolution imaging by means of backscattered electrons in the scanning electron microscope, Mater. Sci. Forum, 567-568 313-316,doi:10.4028/www.scientific.net/msf.567-568.313

Priit Kulu, Renno Veinthal, Helmo KÄERDI, Riho TARBE, (2008), "Abrasive Wear Resistance of Powder Composites at Abrasive Erosion and Abrasive Impact Wear" , Materials Science (MEDŽIAGOTYRA), Vol. 14, No. 4,Apresentado na 17ª Conferência Internacional "Materials Engineering", (Kaunas, Lituânia, 06 - 07 de novembro, pp.1-5.

Pulkit Garg et al (2019), Avanço da pesquisa progride em compósitos de matriz de alumínio: fabricação e aplicações, Vol. 8, Issue 5, Pp. 4924-4939.

Qiong Xu et al (2018), Desenvolvimento de Compósitos SiCp/Al-Si de Alto Desempenho por Prensagem Angular de Canal Igual, Metais, 8(10), 738.

R. Derakhshandeh Haghighi, S. Jenabali Jahromi, A. Moresedgh, e M. Tabandeh-Khorshid, (2012), "A Comparison Between ECAP and Conventional Extrusion for Consolidation of Aluminum Metal Matrix Composite," Journal of Materials Engineering and Performance, vol. 21, pp. 1885-1892.

R. Gostariani, M.A. Asadabad, M.H. Paydar, R. Ebrahimi, (2017) Avaliação morfológica e de fase do nanocompósito Al/15 wt.% BN sintetizado por moinho de bolas planetário e sinterização, Adv. Powder Technol. 28, 2232e2238.

R. Pérez-Bustamante, D. Bolaños-Morales, J. Bonilla-Martínez, I. Estrada-Guel e R.Martínez-Sánchez, (2014), "Microstructural and hardness behavior of graphene nanoplatelets/Aluminum composites synthesized by mechanical alloying," Journal of Alloys and Compounds, p. http://dx.doi.org/10.1016/j.jallcom.2014.01.225.

R. Shivanath, P.K. Sengupta, T.S. Eyre, (1977), British Foundrymen, 79349-56.

Rapoport, L.; Fleischer, N.; Tenne, R. (2005), Applications of WS2 (MoS$_2$) inorganic nanotubes and fullerene-like nanoparticles for solid lubrication and for structural Nanocomposites, J. Mat. Chem., 15, 1782

Richard Warren (1990), Ceramic Matrix Composites (Compósitos de matriz cerâmica). Livro

S. Ayyanar, A. Gnanavelbabu, K. Rajkumar, P. Loganathan, (2020), Estudos sobre o desgaste a alta temperatura e o comportamento de fricção dos compósitos híbridos AA6061/B4C/hBN, Metais e Materiais Internacionais, https://doi.org/10.1007/s12540-020-00710-z.

S. Bartolucci, J. Paras, M. Rafiee, J. Rafiee, S. Lee, D. Kapoor e N. Koratkar, (2011), "Graphene-Aluminum Nanocomposites," Materials Science and Engineering A, vol. 528, pp. 7933-7937.

S.P. Nikanorov, M.P. Volkov, V.N. Gurin, Yu.A. Burenkov, L.I. Derkachenko, B.K. Kardashev, L.L. Regel, W.R. Wilcox, (2005), "Structural and Mechanical Properties of Al-Si alloys obtained by fast cooling of a levitated melt" Materials Science and Engineering A Vol.390, pp. 63-69.

Saboori, A.; Novara, C.; Pavese, M.; Badini, C.; Giorgis, F.; Fino, P. (2017), Uma investigação sobre a sinterabilidade e o comportamento de compactação de nanoplaquetas de alumínio/grafeno (GNPs) preparadas por metalurgia do pó. J. Mater. Eng. Perform., 26, 993-999.

Saif S. Irhayyim, Hashim Sh. Hammond, Anmar D. Mahdi. (2020), Propriedades mecânicas e de desgaste do compósito híbrido de matriz de alumínio reforçado com grafite e nano partículas de MgO preparadas pela técnica de metalurgia do pó, J AIMS Materials Science, 7 (1): 103-115.doi:10.3934/matersci.2020.1.103.

Schaefer, H. E. (2010). Nanoscience; Springer: Berlim/Heidelberg, Alemanha; Estugarda, Alemanha, Volume 1, ISBN 9788578110796.

Schey, John, "Introduction to Manufacturing Processes", McGraw Hill, 3ª edição, (2007).

Schuh, C.A.; Nieh, T.G.; Iwasaki, H. (2003). O efeito das adições de W em solução sólida nas propriedades mecânicas do Ni nanocristalino. Ata Mater. 51, 431-443.

Shayan, A.; Sayed, A.; Mahdi, A.; Farzaneh, S. A, (2022), revisão abrangente sobre nanomateriais de nitreto de boro planar: De nanofolhas 2D para pontos quânticos 0D. Prog. Mater. Sci., 124, 100884.

Steinman, Alexander, Corthay, Shakti, Faershteyn, Konstantin, Kvashnin, Dmitry, Kovalskii, Andrey, Matveev, Andrei, Sorokin, Pavel, Golberg, Dmitri, & Shtansky, Dmitry (2018) Compósitos à base de Al reforçados com fases AlB 2, AlN e BN: Estudos experimentais e teóricos. Materiais e Design, 141, pp. 88-98.

Tabandeh Khorshid (2016), Nano-Compósitos de Matriz Metálica Nano-Cristalina Reforçados por Grafeno e Alumina: Efeito das Propriedades de Reforço e Concentração no Comportamento Mecânico. Universidade de Wisconsin-Milwaukee.

U. N. I. D. O., "Advances in Material Tech.", Monitor Vienna International Center, Áustria, 1990, pp.9-11.

Uğur Aybarç e M. Özgür Seydibeyoğlu, (2021), "A comparação de Nano-Al2o3 Vs. Aditivos de grafeno para o reforço de compósito de matriz de alumínio" Tijmet, Vol. 004, 67-78

V. Singh, D. Joung, L. Zhai e S. Das, (2011), "Graphene-based materials: Past, present and future," Progress in Materials Science, vol. 56, pp. 1178-1271.

VV. Monikandan, M.A. Joseph, P.K. Rajendrakumar, (2018), "Influência da variação de temperatura no comportamento tribológico de compósitos híbridos de matriz de alumínio: Uma Análise Estatística" Metalografia, Microestrutura e Análise. 7, 735-745.

Vemula Vijaya Vani e Sanjay Kumar (2018), O efeito dos parâmetros do processo em compósitos de matriz metálica de alumínio com metalurgia do pó, Manufacturing Rev. 5

W. Han, Z. Ma, S. Liu, C. Ge, L. Wang, X. Zhang, Ceram. Intern., 2017, 43, 10192-10200.

Wong Wai Leong Eugene, Manoj Gupta, (2010), "Characteristics of Aluminum and Magnesium Based Nanocomposites Processed Using Hybrid Microwave Sintering", Journal of Microwave Power and Electromagnetic Energy, Vol.44, No.1, pp. 14-27.

Xinling Ao, Deyan Kong, Ziyan Zhang e Xinli Xiao (2020), Melhorar a velocidade de recuperação e a capacidade anti-desgaste do polímero com memória de forma a alta temperatura com nanopartículas de nitreto de boro modificadas, J Mater Sci Composites & nanocomposites, 55:4292-4302.

Y. Li, Y. Zhao, W. Liu, Z. Zhang, R. Vogt, E. Lavernia e J. Schoenung, 2010, "Deformation twinning in boron carbide particles within nanostructured Al 5083/B4C metal matrix composites", Philosophical Magazine, vol. 90, pp. 783-792.

Y. Wang, X.a. Cao, H. Lang, X. Zeng, B. Chen, R. Chen, et al., 2018, "Propriedades tribológicas melhoradas de filmes compósitos baseados em líquidos iónicos com MoS$_2$ nanofolhas como aditivos", New J. Chem. 42, 4887-4892.

Y.T. Peng, Z.Q. Wang, C. Li, (2014), "Study of Nanotribological properties of multilayer graphene by calibrated atomic force microscopy," Nanotechnology 25, 30570

CURRICULUM VITAE

Mohammad Jabbar Fouad Al-Obaidi concluiu o seu bacharelato no Departamento de Engenharia de Aplicações Mecânicas em 2001, seguido do seu mestrado em Engenharia Metalúrgica de 2002 a 2004. De 2011 a 2014, concluiu um estudo de mestrado em Nanocompósitos de Alumínio na Universidade de Tecnologia de Bagdade. Em 2017, inscreveu-se no Departamento de Nanociência e Nanotecnologia da Ondokuz Mayis Universitym, Samsun. Tem inúmeras publicações e certificações em sistemas de gestão, informação e inteligência artificial, entre outros domínios. Tem experiência em Ensino / Controlo de qualidade / Gestão de projectos / Consultor / Supervisor / Programador Web / Laboratório de metalurgia e nanotecnologia / Telemedicina / Raio X / Microscópio eletrónico de varrimento SEM / Marketing / Gestão estratégica / TI e infra-estruturas / Engenheiro de projectos.

ORCID ID   : 0000-0001-9001-8500

Publicações :

Mohammed J. Fouad, Muna Abbass: Caracterização do desgaste de nanocompósitos híbridos de matriz de alumínio. Editado por Verlag/ Publisher, 01/2014; LAP LAMBERT Academic Publishing-GERMANY, ISBN: 978-3-659-27007-9 BOOK.

Mohammed J.F. ALOBAIDI, İbrahim İNANÇ "FABRICAÇÃO DE LIGAS Al12Si REFORÇADAS COM Nano-MoS2+hBN POR METALURGIA EM PÓ" 8. ULUSLARARASI 19 MAYIS YENİLİKÇİ BİLİMSEL YAKLAŞIMLAR KONGRESİ- 23-24 Kasım 2022, Samsun-TÜRKIYE.

Mohammed J.F. ALOBAIDI e İbrahim İNANÇ "Usando MoS_2 & BN Nano Partículas para Fabricação de Nanocompósitos de Autolubrificação por Metalurgia do Pó" 2nd Congresso Internacional de Engenharia e Ciências Naturais ANKARA-TURQUIA-5-2022.

Mohammed J.F. ALOBAIDI, İbrahim İNANÇ e Muna K. ABBASS "Fabrico de peças de autolubrificação a partir de compósitos de matriz Al-12wt%Si reforçados com nanopartículas híbridas de MoS_2 e BN" EUROSIS, MESM 27-29-JUNHO-2022.

Mohammed Jabbar Fouad, Prof. Dr. Muna Khethier: Fabrico de Compósitos Híbridos de Matriz de Alumínio Reforçados com Nanopartículas de Al O_{23} e TiO_2 . Sétima Conferência Internacional de Química da Jordânia JORDÂNIA 04/2016.

Muna Abbass, Mohammed Jabbar Fouad: Study of Wear Behavior of Aluminum Alloy Matrix Nanocomposites Fabricated by Powder Technology. Eng. & Tech. Journal, IRAQ, Vol.32, Parte (A), No.7, 2014.

Muna Khethier Abbass e Mohammed Jabbar Fouad: Caracterização do Desgaste de Compósitos Híbridos de Matriz de Alumínio Reforçados com Nanopartículas de Al O_{23} e TiO_2 . Journal of Materials Science and Engineering B 5 NY- USA, (9-10) (2015) 361-371.

Buy your books fast and straightforward online - at one of world's fastest growing online book stores! Environmentally sound due to Print-on-Demand technologies.

Buy your books online at
www.morebooks.shop

Compre os seus livros mais rápido e diretamente na internet, em uma das livrarias on-line com o maior crescimento no mundo! Produção que protege o meio ambiente através das tecnologias de impressão sob demanda.

Compre os seus livros on-line em
www.morebooks.shop

Printed by Books on Demand GmbH, Norderstedt / Germany